ビジネスマンが
きちんと学ぶ

ディープ
ラーニング

with Python

朝野 熙彦
[編著]

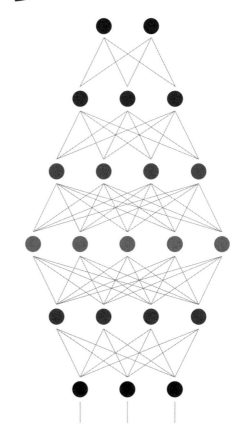

朝倉書店

■執筆者

朝野熙彦* 東京都立大学・専修大学元教授
[1–7 章, 付録]

河原達也 株式会社ビデオリサーチ
[8 章]

(* は編著者)

まえがき

　ディープラーニングは人工知能 (AI) の中心的な技術として近年注目を集めています。ディープラーニングは自動車の自動運転，医療の画像診断などの技術系の分野だけでなく，ネットでの広告配信やスーパーでの商品発注のようなビジネス分野でも使われ始めています。そのためディープラーニングの進展が気になる一方で，自分もついていけるのだろうかと一抹の不安を感じる方も少なくないでしょう。

　最近はディープラーニングを実行してくれる便利なソフトウェアが何種類も公開されています。中でもオープンソースの汎用プログラミング言語である Python はディープラーニングのためのライブラリが整備されています。言うまでもなくデータは私たちの身の回りにあふれています。ですから，ただ稼働すればよいというならディープラーニングのハードルはほぼないといってよいでしょう。マニュアル通りにパソコンに入力すればアウトプットは出てきます。けれども機械が学習する仕組みがブラックボックスのままで大丈夫でしょうか？　顧客企業から，なぜ結果が信じられるのかを説明してくれとか，予測精度をあげてくれなどと要求されたら困ってしまうでしょう。さらに統計分析を使えば済むのではないか，と聞かれたら立ち往生するかもしれません。それこそが本質をついた素晴らしい質問です。

　本書では従来の統計分析がディープラーニングとどこが同じでどこが違うのかを解き明かしたいと思います。そして「機械による学習」とは一体何をしているのかを理解してもらうことを最大の目標にしました。実は機械が学習をすすめる内部メカニズムはそう難しいものではありません。

　ディープラーニングで主にしている計算は行列の掛け算です。21 世紀は AI の時代だとか初中等教育でも ICT 教育だなどといわれますが，不思議なことに近年の高校では行列を教えなくなりました。ですからディープラーニングの数学は高校数学だけで十分だと言うのは言い過ぎだと思います。そこで本書では高校数学ではほんの少し足りない知識を補います。ですから本書一冊を読むだけでディープラーニングのしくみが自己完結的に理解できるでしょう。

　本書はディープラーニングを気持ちよく学びたい社会人と将来データ・サイエンスの仕事に就けないだろうかと思案中の学生の方々を読者に想定しました。あらためて本書の目標を宣言しますと次の5つになります。

1) 機械が学習するしくみを明らかにする。
2) 統計分析との関係を理解する。
3) Σ記号と多重の添字を断捨離する。
4) 機械が学習するプロセスを手計算で追跡する。
5) Python を使ってプログラムを手作りする。

　本書を執筆する気になったきっかけは次の通りです。2019 年 10 月 23 日に日本マーケティング・リサーチ協会（略称 JMRA）が「基礎から理解するディープラーニング」というセミナーを開きました。私は講義を担当するとともにビジネスマン諸姉諸兄から悩みを伺う機会を得ました。セミナーへの参加動機としてはディープラーニングをブラックボックスにしたくないという声が多く寄せられました。このような社会人の不安と悩みに正面から向き合ってくれる実用書があまりないのではないかと思ったのです。

　その当時も今もやさしい入門書なら数多く出版され続けています。しかしビジネスマンの不安と悩みは消えそうにありません。ビジネスマンは抽象的な話を聞かされても納得できません。実務家だけあって具体的にどうすればよいかを知りたくなるからです。その逆に「プログラムを読み込んでポチっとしなさい」と言われても，どうしてそうしなければならないのかが納得できません。大人だからです。ビジネスマンはフラストレーションをかかえ閉塞感を感じているのでしょう。

　アルキメデスは彼の名前の原理を発見したときに，嬉しさのあまり「ヘウレーカ！」と叫んで街に飛び出したそうです。そのように喜んでもらうためには，説明の仕方を工夫する必要があると考えました。

■ 小さいデータで確かめる

　ディープラーニングの適用例としては数字の識別や犬と猫の識別が有名です。しかしデータセットが大規模すぎると人間が計算過程を追うことがほぼ無理になってしまいます。そこで手計算でも追えるくらいのごく小さいデータで学習の過程を確かめることにしました。

■ Python でプログラムを手作りする

　お仕着せのプログラムを動かしても，分析を機械に丸投げするだけのことでユー

ザーには納得感も達成感もありません。そこでディープラーニングのプログラムを一歩一歩手作りすることにしました。私自身が Python の初心者ですので，この作業は新鮮で楽しいものでした。本書内のコードは朝倉書店の WEB サイトからダウンロードできます。読者も一緒に手作りの過程を味わってください。

■ 数学とプログラムを一緒に学ぶ

ビジネスマンからすれば数学もプログラムも目的ではなく道具にすぎません。やりたい作業ごとにその解法と実行法をワンセットで書くことにしました。数学とプログラムを別々に学ぶのでは勉強にモチベーションがわかないでしょう。

以上のアイデアで執筆したのが本書です。ディープラーニングが本当にシンプルなロジックで動いていることを知って「そうだったのか！」と読者が驚いてくれることを願っています。

最後に，本書を出版するにあたってお世話になった方々を紹介したいと思います。河原達也氏には 8 章の応用事例を分担してもらいました。1.3 節で紹介する広告支援のエキスパートシステムと同じ課題に取り組んでいます。エキスパートシステムでは上手くいかなかった課題にディープラーニングならどう応えるか，というのが興味深いところです。また社会人にディープラーニングについて話す機会を与えてくださった日本マーケティング・リサーチ協会に感謝いたします。

そのほかに「ベイズ研究会 2020」の皆様にもお世話になりました。同研究会に参加された藤居 誠（東急エージェンシー），矢野 真（クロス・マーケティング），田辺香織（日経 BP），田村 覚（ソフトバンク），野崎由香理（東急総合研究所），後藤太郎 (CCC) の諸氏は本書を執筆する後押しをしてくれました。中野 暁氏（インテージ）からは私のセミナーに対して有益なコメントを頂戴しました。またサービス産業生産性協議会，NTT データ数理システムとインテージからは図版や資料をご提供いただきました。朝倉書店の編集部の皆様には本書の企画から出版に至るまで大変お世話になりました。以上の皆様に感謝いたします。

2021 年 2 月

朝 野 熙 彦

目　　次

## 第 1 章

機械による学習のはじまり

この章では今日のディープラーニングが生まれるまでの紆余曲折の歴史について紹介します。ディープラーニングのルーツは脳の活動を模擬しようとしたニューラルネットワーク系の流れと知識工学系の 2 通りの流れがあって，そのどちらも難しい障害に直面して挫折を味わってきました。

前者からは単純な加算型のモデルでは表すことができない決定や判断があるという反省，後者からは人間の知識をコンピュータに教え込むのは大変だという反省が導かれました。本章では，このような困難を乗り越えてディープラーニングが育ってきたことを分かってもらいたいと思います。

1.1 │ 人工知能の夢

■ 研究のルーツ

人工知能のルーツとして挙げるべき人物は人工知能とコンピュータ科学の創設者であるイギリスの数学者アラン・チューリング (1912–1954) です。彼は 1936 年に人間のように思考する知的機械 (Intelligent Machinery) を提唱しました。

チューリングの画期的なアイデアは，ハードウェアとソフトウェアを分離した万能機械でした。それまでは機械は用途ごとに作るものだというのが技術の通念だったのです。

コープランド (2012) によれば，チューリングの研究は第 2 次世界大戦中に暗号解読の仕事に従事させられたために中断したとのことです。チューリングは暗号解読でも才能を発揮してイギリスの対独戦争に貢献しました。しかし，暗号解読そのものが国家的な機密であったために，戦後長くチューリングの功績は評価されませんでした。

世界で初めてコンピュータを稼働させたのもイギリス政府の暗号学校だったので
すが，それも秘密にされました[1]。チューリングは 1947 年という早い時期に人
工神経細胞を用いた「経験から学習する機械」について講演しました。しかし資
金的な支援は得られませんでした。コンピュータ科学に対する社会からの理解も
支援も不十分だった，そういう困難な時代でした。

■　人工知能という公式名称

　1956 年夏にダートマス大学で「人工知能に関するダートマスの夏季研究会」が
開かれました。これが人工知能研究の本格的なスタートになります。この会議の
発起人がマービン・ミンスキー (1927–2016) でした。Artificial Intelligence とい
う用語が公式に使われたのもこの時でした。後にこの研究会が母体になって人工
知能学会が生まれました。ミンスキーはその後マサチューセッツ工科大学に人工
知能研究所を設立して人工知能の父と呼ばれるようになります。第 1 次 AI ブー
ムの時代の到来です。ミンスキーによる 1961 年の「人工知能への階梯」[2] という
論考は今日読んでも興味深いので，以下にその要点を紹介します。

　真に難しい問題をコンピュータに解かせるためには次の 5 つの課題領域が
存在することを指摘したい。検索，パターン認識，学習，計画そして帰納法
である。コンピュータはやれと命令されたことしかできない。とはいえ，あ
る問題の厳密な正解が人間には分からない時でも，コンピュータは極めて広
大な解の空間の中からそれらしい解を発見することができる。もちろん検索
には膨大な無駄が生じることを覚悟しなければならない。パターン認識の技
術は，機械に適した課題については今後ますます発達するだろう。パターン
認識と学習は，経験をベースにして知識を一般化するのに利用できる。それ
らの技術を用いて検索の範囲を絞り込むことができる。
　次に計画にそった状況分析をすることで，検索をより本質的で適切なもの
に改善できる。幅広い課題を機械で扱うには，帰納的なアプローチで環境に

---

1)　世界初のコンピュータはペンシルバニア大学のモークリーとエッカートによる ENIAC (Elec-
　　tronic Numerical Integrator and Calculator, 1946 年 2 月稼働) だとされてきました。し
　　かしコープランド (2012) はこの通説を誤りだと指摘します。イギリスのトミー・フラワーズが
　　1944 年 2 月にコロッサス (Colossus) という電子式デジタル・コンピュータを稼働させており，
　　ENIAC より 2 年も早かったとのことです。
2)　Minsky (1961) Steps toward artificial intelligence, *Proc. IRE*, 9, 8-30.

> 適したモデルを構築しなければならない。

　発見的な解 (heuristic solution) の肯定とか，帰納法の重視，データからの発見には膨大な無駄が伴う，など今日読んでも「なるほど」と思わせることを，1960年代に言っています。

　昨今では皆さんの地元の商店街にも防犯カメラが設置されて，来街者をモニターしているかもしれません。けれども仮に何万人もの画像を解析しても指名手配の犯人がヒットする比率は 0.01% にも満たないと思われます。たぶんほとんどの画像情報は無駄に終わるのですが，そうした無駄を容認しなければならない，というのが，上でミンスキーの述べている「覚悟」の意味です。

■ 人工知能の研究方向

　人工知能の研究は，20世紀後半から次の3通りの方向に進んで行ったものと考えられます。

A 人間のような知的活動をするコンピュータを作る。
B 専門家の知識をコンピュータに教え込む。
C 人間の脳の模倣にこだわらず特定の機能に優れた機械を作る。

　A の代表例が人間の知的活動を神経のモデルで表したニューラルネットワークです。本書のテーマであるディープラーニングは A を起源にしながらも，次第にC に軸足を移すようになった方法です。具体的には検索エンジンや囲碁や将棋の対戦プログラムが該当します。もう1つの B の方向性がエキスパートシステムです。専門家のもつ知識をコンピュータに移植すれば，人間に代わって知的判断ができるに違いないという発想でした。

　歴史的な年代順では A の方向によるパーセプトロンがまず提唱されてそれが下火となり，次に B の方向によるエキスパートシステムがブームになって，それもやがて下火になるという経過をたどりました。それぞれ順に 1.2 節と 1.3 節で述べます。これらの研究から得られた教訓がディープラーニングへの発展にどう結びついたかを 1.4 節で整理します。

1.2 ┃ パーセプトロン

　マッカローとピッツが人間のように論理判断が実行できる人工ニューロンを提案したのは 1943 年という早い時期でした。ただし彼らが提案したシステムには学習機能がありませんでした。今日のディープラーニングにつながる学習能力をもったモデルは人間の視覚神経を模したパーセプトロンに始まります。そこで，最初に神経細胞の興奮伝達について説明します。

■　神経細胞

　図 1.1 はニューロンの模式図です。シナプス (synapse) を介して電気刺激が神経細胞体 (soma) に入力され，複数の刺激の総和がある閾値を超えると，細胞体の膜電位が急上昇して軸索を通して次の神経細胞に電気信号を伝達します。情報の伝達について分かっている性質をまとめると次のようになります。

① 複数の樹状突起から刺激が入力されて 1 つの軸索に出力される。
② 電気刺激が閾値を超えると電位がパルス状に急上昇（発火）するので，伝達を決める伝達関数は非線形である。
③ シナプスでの伝達には一方向性があり，信号は逆方向に戻らない。
④ 神経細胞への入力が加算されることで刺激の強度が表現される。
⑤ シナプスでの伝達のしやすさは，過去の履歴に応じて変化する。

　① と ② の性質は，ニューロンが多入力で 1 出力であり，そこに非線形な変換が加わることを示しています。③ はシステムにフィードバックループがないこと

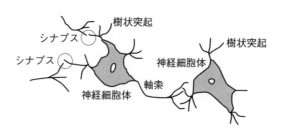

図 1.1　神経細胞への刺激および興奮の伝達

を意味します[3]。④ の性質は刺激が加算されてそれが伝達を決定することを意味します。⑤ の性質は過去の信号伝達の経験が，その後の信号の伝達性能に影響することを示しています。つまりニューロンには学習能力があると解釈することができます。

■ パーセプトロン

心理学者のローゼンブラットは 1958 年に人間の視覚をモデル化したニューラルネットワークを提案しました。それがパーセプトロン (perceptron) です。パーセプトロンの仕組みを示したのが図 1.2 です。パーセプトロンでは神経細胞に対応するものをユニットと呼びます。連合層のユニットはいくつでも構いませんが出力層のユニットは 1 つだけです。これはニューロンが多入力で 1 出力であることに対応しています。連合層のユニットは網膜における受光センサーから届く刺激情報を集約する機能を担っているために連合層と呼ばれました[4]。出力層では複数の入力を w で重みづけした合計がある閾値 θ を上回った場合に信号 Y を出力します。ローゼンブラットの提案の優れたところは，外部からの情報である教師信号 T を利用して，Y と T が一致するようにウェイト w_1, w_2 および閾値 θ を変更する仕組みを導入したことにあります。ローゼンブラットは学習とはウェイトと閾値を変更することであり，学習する目的は Y と T を一致させることだ，という明確な指針を示したのです。パーセプトロンにはさまざまなバリエーションがありますので，区別のために図 1.2 のモデルを単純パーセプトロンと呼んでいます。

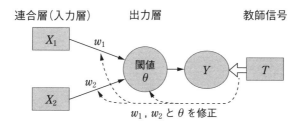

図 1.2 単純パーセプトロン

---

3) ミクロなレベルではシナプスに相互作用があることが最近の脳科学の研究から分かってきました。

4) 混乱を避けるために言いますと，この連合層はディープラーニングでいう入力層と同じです。

連合層からの重みづけ合計を式で書くと次のように書けます。S は summation を略した記号です。

$$S = w_1 X_1 + w_2 X_2 + \cdots \tag{1.1}$$

(1.1) の $\cdots$ は連合層のユニットがもっと多ければ $w_3 X_3 + w_4 X_4 + \cdots$ というように項目が増えることを略したものです。Y を出力するための判定法は次の通りです。

$$\begin{cases} S \geq \theta \text{ のとき } Y = 1 \\ S < \theta \text{ のとき } Y = 0 \end{cases} \tag{1.2}$$

(1.1) と (1.2) を一括して Y を導く関数を「線形閾値関数」と呼ぶことができます。さてローゼンブラットのアイデアは，(1.1) によるモデルの出力 Y を教師信号 T と比べ，一致した場合は何もせず，ズレがあった場合はズレが小さくなるようにウェイトと閾値 $\{w_1, w_2, \cdots, \theta\}$ を修正する，というものでした。X_1, X_2 から出力層への重みの w_1, w_2 は，神経細胞でいえばシナプスにおける神経伝達物質の発生量を意味すると解釈されます。ウェイトがプラスなら興奮性の働き，マイナスなら抑制性の働きをします。パーセプトロンは図 1.1 で述べた神経細胞の諸性質を忠実に模擬したモデルだと言えるでしょう。神経細胞に関心がない人は，次のように各記号の意味を翻訳すれば，関心がわくかもしれません。

【消費者行動モデルとしての解釈】
　X_1：高性能，X_2：ブランド性が高い，という個別評価の重みづけ合計が心理的な閾値を越えれば，消費者は購買行動 Y を起こす。

■　論理演算をパーセプトロンで表現する

1.1 節で述べたように人工知能への期待は人間に代わって思考する機械を作ることでした。ではパーセプトロンを使えば人間の論理的な思考や決定が表現できるのでしょうか。人間の思考といってもひらめきや感性ではなく Yes か No がはっきりする論理的な命題を対象にして考えます。

最初に論理和，論理積，否定から得られる真偽表を表 1.1 に示しました。日常語でいえば OR は「または」，AND は「かつ」，NOT は「否定」をさします[5]。

---

[5]　数学では論理演算子に $\wedge, \vee, \tilde{}$ の記号を用いますが，それでは難しそうに見えるので，ここではそれぞれ OR, AND, NOT で表記します。

表 1.1　主な論理演算の真偽表

論理和 (OR)			論理積 (AND)			否定 (NOT)	
X_1	X_2	結論 Y	X_1	X_2	結論 Y	X	結論 Y
0	0	0	0	0	0	0	1
1	0	1	1	0	0	1	0
0	1	1	0	1	0		
1	1	1	1	1	1		

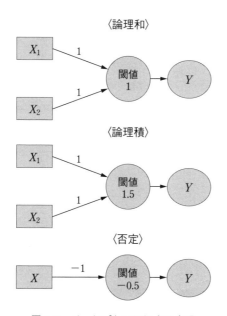

図 1.3　パーセプトロンによる表現

また表 1.1 では真の場合を 1，偽の場合を 0 で表しました。

　表 1.1 の真偽表の読み方ですが，たとえば最初の論理和の結論は，X_1 と X_2 の少なくとも一方が真のときは真になる，両方とも偽のときは偽になる，ということを示しています。論理積と否定の真偽表も理解できると思います。

　表 1.1 の真偽表と同じ判定を行うパーセプトロンのモデルを図 1.3 に示します。

　表 1.1 と図 1.3 の結論が一致することを確かめてみましょう。表 1.1 の論理和の 4 通りのケースを順に確かめます。まず 1 行目は $X_1 = X_2 = 0$ なので合計は (1.1) に従って $S = 1 \times 0 + 1 \times 0 = 0$ です。0 は閾値の 1 より小さいので (1.2)

に従って $Y = 0$ になります。2 行目と 3 行目では X_1 と X_2 の一方が 1 ですから $S = 1$ です。閾値と同じなので $Y = 1$ を出力します。4 行目の $X_1 = X_2 = 1$ のときは $S = 2$ なので $Y = 1$ を出力します。論理積と否定のパーセプトロンも正しく論理演算できることを確かめてください。

このように正しい判定を導くウェイトと閾値が分かっている場合には，パーセプトロンは論理演算を正しく実行できます。ただしウェイトも閾値も図 1.3 に書きこんだ数値が唯一の正解なのではなく，少々数値を上げたり下げたりしても，同じ判定結果が得られます。ですから解は無数にあるのです。

■　デルタ学習法則

では，パーセプトロンを使ってどのようにウェイトと閾値を知ることができるのでしょうか？　そのためにローゼンブラットが用いたのがデルタ学習法則という推定法でした。表 1.1 の Y の値は論理演算の正解だったので，それを学習のための教師信号 T として使います。私たちに未知なのはウェイトと閾値の方です。学習の方針はモデルに従った出力 Y が教師信号の T と一致するようにウェイトと閾値を反復的に修正しようというものです。

ウェイトと閾値を未知のパラメータとしてまとめて扱う方が手続きが簡単になるので (1.1) と (1.2) を次のように書き直します。

$$\begin{cases} w_1 X_1 + w_2 X_2 - \theta \geq 0 \text{ のとき } Y = 1 \\ w_1 X_1 + w_2 X_2 - \theta < 0 \text{ のとき } Y = 0 \end{cases} \tag{1.3}$$

(1.2) では b との大小を比べたのですが，(1.3) では 0 と比べるように式を書き直しただけです。Y の導出結果は変わりません。

さて，(1.3) の不等式の左辺を見るとパラメータの組 $\{w_1, w_2, -\theta\}$ と入力データの組 $\{X_1, X_2, 1\}$ を掛けて合計しています[6]。

【デルタ学習法則】

ステップ 1)　パラメータの初期値をすべて 0 として出発する。

ステップ 2)　データの組を入力し (1.3) 式の判定に従って Y を求める。

ステップ 3)　$Y = T$ の場合は何も変更せず 2) に戻る。

ステップ 4)　$T = 0$ なのに $Y = 1$ になった場合は，パラメータを小さくする必要

---

[6]　本節ではパラメータの組とデータの組を掛けて合計すると表現しますが，それこそがベクトルの内積なのです。内積については 2 章であらためて解説します。

があるのでパラメータから入力データ $\{X_1, X_2, 1\}$ を引く ⇒ ステップ 2) に戻る。

$T = 1$ なのに $Y = 0$ になった場合は，パラメータを大きくする必要があるのでパラメータに $\{X_1, X_2, 1\}$ を加える ⇒ ステップ 2) に戻る。

ステップ 5)　入力データのすべての可能性について $Y = T$ になったら学習を終える。

　入力データのすべての可能性は，表 1.1 の論理和の場合は X_1 と X_2 がそれぞれ真か偽の 2 通りなので組み合わせて 2×2 の 4 通りです。

■　デルタ学習法則の確認

　表 1.1 の論理和の真偽表を利用してパラメータの学習がどう進行するかを確認しましょう。表 1.2 がデルタ学習法則に従った学習経過です。同表のパラメータ W という見出しをつけた欄でパラメータの修正過程を示しています。次の入力データ X と見出しをつけた欄は，表 1.1 の論理和の X_1 と X_2 のデータをコピーして最後に 1 を加えたのが内容です。入力データのパターンは 4 通りで 1 セットですから，学習が終わるまで同じセットを何度も繰り返します。教師信号 T の欄には表 1.1 の論理和の結論の真偽値をコピーしています。これが正解を表します。

　学習のために必要な処理は (1.3) に従って行います。1 行目のステップ $k = 1$ の場合ですとパラメータと入力データの 2 組の積は $0 \times 0 + 0 \times 0 + 0 \times 1 = 0$ です。

表 1.2　パーセプトロンが論理和を学習している進行経過

	ステップ k	パラメータ W			入力データ X			2組の積	モデル出力 Y	教師信号 T	パラメータ修正
第1セット	1	0	0	0	0	0	1	0	1	0	$w-x$
	2	0	0	-1	1	0	1	-1	0	1	$w+x$
	3	1	0	0	0	1	1	0	1	1	なし
	4	1	0	0	1	1	1	1	1	1	なし
第2セット	5	1	0	0	0	0	1	0	1	0	$w-x$
	6	1	0	-1	1	0	1	0	1	1	なし
	7	1	0	-1	0	1	1	-1	0	1	$w+x$
	8	1	1	0	1	1	1	2	1	1	なし
第3セット	9	1	1	0	0	0	1	0	1	0	$w-x$
	10	1	1	-1	1	0	1	0	1	1	なし
	11	1	1	-1	0	1	1	0	1	1	なし
	12	1	1	-1	1	1	1	1	1	1	なし
第4セット	13	1	1	-1	0	0	1	-1	0	0	なし

0 以上だったので (1.3) に従って $Y = 1$ と判定します。ところが教師信号は 0 な
のでモデルの出力が高めだったことになります。そこで $W - X$ とパラメータを
修正します。$\{0, 0, 0\}$ から $\{0, 0, 1\}$ を引くので結果は $\{0, 0, -1\}$ になります [7]。
それが表 1.2 のステップ 2 でグレーをつけた更新後のパラメータ値です。以下,
同様にデルタ学習法則に従ってパラメータの修正を続けます。

　第 9 ステップまでで 5 回パラメータを修正した結果, 第 10 回のパラメータの
組 $\{1, 1, -1\}$ が得られました。このパラメータの値を使えばモデルによる出力と
教師信号の値が一致します。ステップ 10〜13 まで連続して 4 回一致しましたの
で, それ以上の点検は不要です。それでステップ 13 で学習を終了したのです。

　さて学習の結果ですが, $w_1 = w_2 = 1$ なので X_1 と X_2 から出力層へのウェイ
トはどちらも 1 だということになります。(1.3) では閾値を移項した項にマイナス
がついていたので $-\theta = -1$ より, 出力層の閾値は 1 であることが分かります。以
上の修正値は図 1.3 の〈論理和〉のモデルに書きこまれた数値に一致します。パー
セプトロンが論理和の学習に成功したことが, 以上の手計算から確認できました。

■　排他的論理和の問題

　パーセプトロンによって論理和, 論理積, 否定だ
けでなく, 論理和の否定, 論理積の否定も表現でき
ます。そのため人間の論理的な思考はすべてパー
セプトロンで表現できるのではないかと期待され
た時期がありました。けれども論理和の中でも一
方が真の場合しか真でないという排他的論理和に

表 1.3　排他的論理和 (XOR)

X_1	X_2	結論 Y
0	0	0
1	0	1
0	1	1
1	1	0

ついては単純パーセプトロンでは表現できないことが分かってきました。表 1.3
が排他的論理和の真偽表です。XOR の X は exclusive（排他的）から 1 字拾った
ものです。

　排他的論理和がいかにも当てはまりそうな具体例としては不動産の物件探しが
あります。「今この地域でお住まいをお探しのご家族がおられます」というチラシ
を見ることがあります。物件探しの結論 Y はその家族が契約物件に入居すること
とします。

---

7)　不思議な引き算だと思われるでしょうが, これはベクトルの差を求めているのです。表 1.2 の
　　ようにズバリ引き算するのでは振れ幅が大きくなるので, デルタ学習法則はステップ幅 α を掛
　　けて少しずつ修正するように改訂されています。

X_1：戸建てに契約する

X_2：マンションに契約する

$Y = 1$ が成り立つのは 2 つの事象の一方だけが真の場合です。同時に 2 軒の家に引っ越すことはないとみてよいでしょう。

排他的論理和が該当する事象は稀ではありません。金融商品の投資行動を考えても，X_1：高額配当と X_2：ノーリスク　両方の属性を満たす投資先は存在しないのがふつうです。

ローゼンブラットの単純パーセプトロンではこのタイプの判断が表せなかったのです。この限界によって第 1 次ニューラルネットワークブームは終わることになりました。

1.3 │ エキスパートシステム

本節では専門家の知恵をコンピュータに教え込むエキスパートシステムについて歴史を振り返ります。エキスパートシステムは，「A と B が成り立ったら結論は C である (if A and B then C)」というような規則の集まりからなります。このような規則をプロダクション・ルールといいます。

1970 年代にはスタンフォード大学のショートリフとファイゲンバウムがMYCIN（マイシン）というエキスパートシステムを開発しました。MYCIN には約 500 のルールがあって，そのうち半分は血液感染病のルールで，残りは髄膜炎疾患のルールです。ルールの一例を図 1.4 に示します[8]。

その後，エンドユーザーが利用しやすい AI ツールが提供され，1980 年代に世

もし　　1）治療を要する感染症が髄膜炎であって

　　　　2）感染症のタイプが真菌であって

　　　　3）患者がコクシディオミコースイスのある風土病の地域にいたことが
　　　　　　あって

　　　　4）患者がアジアインド系人種であるとすると，

そのとき，コクシディオミコースイスが感染症を起こした有力な原因であるという所見となる

図 1.4　MYCIN における知識の例（出所：ファイゲンバウムら 1981）

界各国でエキスパートシステムが盛んに開発されました。マスコミの報道によれば日本でも 1987 年から 1989 年にかけて次のようなエキスパートシステムが開発されています。当時から AI という用語が使われていたことが分かります。

- 「AI を応用した地域振興支援システム」 1987 年
- 「電算機を使ったヒット商品の予測システム」 1987 年
- 「人工知能で株式のリスクを判断」 1988 年
- 「住宅リフォームの設計支援システム」1989 年
- 「企業イメージや商品イメージの診断システム」 1989 年

　マーケティング分野ではバークら (1990) が開発した ADCAD (Advertising communication approach design) という広告訴求計画のシステムが注目されました。このシステムは広告主が広告目的を定め，広告コピーを決めコミュニケーション手段を選ぶために知識ベースを利用するものでした。

　AI の応用分野としては 1980 年代から自動翻訳，音声認識，画像認識，自然言語処理，教育などが挙げられていました。その点ではディープラーニングが脚光をあびている今日と変わりません。当時を知る人からすれば近年の AI の過熱ぶりに「いつか来た道」という既視感を覚えることでしょう。

　さてエキスパートシステムに必要なプロダクション・ルールはコンピュータが自律的に発見したのか？というとそうではありません。実は人間がコンピュータにルールを教えこむのです。ですからエキスパートシステムの開発には，人間の

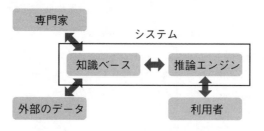

図 1.5　エキスパートシステムの概念図

---

8)　前頁図 1.4 は知識工学 (knowledge engineering) の提唱者であるファイゲンバウムらの報告の抜粋です。ファイゲンバウム，クランシー (1981) 知識工学–その方向と目標，数理科学，No.217, 11-20.

専門家が持っているノウハウを収集しコード化するという手間が必要でした。

エキスパートシステムの概念図は図 1.5 のようになります。

■ エキスパートシステムの限界

図 1.5 のシステムは，うまく機能しそうに思えましたが，残念ながらそれは見込み違いでした。

もっとも本質的な問題は，専門家の知識はプロダクション・ルールで記述できるような決定論的なルールとは限らず，あいまいな知識が少なくなかったことです。

真か偽の 2 分法ではなく程度問題でしかものを言えない知識は少なくありません。それだけでなく専門家の知識そのものが変動することも稀ではありません。本来，学問の進歩というのはそういうものであって，新しい研究によって既存の常識がくつがえされるのは当然のことです。

たとえばウィルスは毎年新型が現れますから，従来のワクチンでは効果がないことが珍しくありません。結局は専門家を巻き込んで一年中エキスパートシステムを更新し続けない限りシステムは陳腐化します。「知識の獲得」と「知識の更新」に大変な労力を要するのです。エキスパートシステムの根本的な限界がここにあります。

図 1.5 と対照させながらディープラーニングの概念図を描いたのが図 1.6 です。

ディープラーニングの場合は学習過程に人間が一切介在することなく，機械自身がデータからルールを学習します。もともとが新規のデータを学習することで予測力を高めるようにできているシステムです。ですからディープラーニングは，導入段階から賢い必要はありません。新規データを学習しつつ，だんだんと賢くなればよいのです。

図 1.6 ディープラーニングの概念図

1.4 | 得られた教訓とその後の発展

■ 現代パーセプトロン

　単純パーセプトロンには排他的論理和が表現できないという限界がありました。さらに一般的な問題として線形分離できないデータを単純パーセプトロンは識別できないという限界が分かってきて，パーセプトロンへの期待はしぼんでいきました。線形分離とは何かは章末のコラムで説明します。

　実はモデルで表現できるかどうかということとウェイトや閾値が学習できるかどうかということは一応別問題です。少し先取りになりますが，前者の問題は図1.7 のように入力層と出力層の間に隠れ層を加えて多層化することで解決できます。単純パーセプトロンと区別する意味でこのモデルを現代パーセプトロンと呼んでいます。この現代パーセプトロンこそが，今日いうディープラーニングに他なりません。

　隠れ層を加えることで複雑な関係であっても表現することができます。すると残された問題は，層が深くなったユニット間のウェイトをどう学習すればよいかです。デルタ学習法則では図 1.7 でいえば出力層とそのすぐ下の隠れ層の間のウェイトまでなら修正できても，さらに下の階層へのリンクのウェイトが推定できなかったのです。この問題を解決したのが誤差逆伝播法というパラメータの反復修

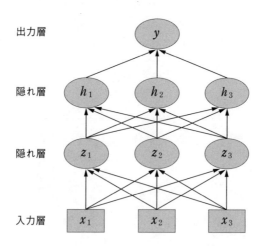

図 1.7 多層のニューラルネットワーク

正法でした。誤差逆伝播法については4章で解説します。こうして現代パーセプトロンは学習手段を備えた実用的なモデルになったのです。

■　機械学習へ

　エキスパートシステムの限界も今日のディープラーニングにとって教訓になりました。エキスパートシステムは人間の思考をどうプログラムで表現するかという「知識表現」だけでなく，専門家の知識を入手する「知識獲得」もハードルが高かったのです。コンピュータ科学者は，コンピュータ相手ではなく人間を相手にして慣れない苦労をすることになりました。

　またエキスパートシステムは開発段階よりも，そのシステムをメンテナンスする負担が大変でした。そうした苦難から得られた教訓は，学習の仕事を人間にではなく，機械に任せることでした。必要なルールは機械が勝手にデータから発見すればよい，ルールのアップデートも機械が勝手にすればよいという発想です。

　20世紀後半のデータマイニングのブーム以来，機械学習はコンピュータによるデータ処理の主要なアプローチになっています。学習機能をもった現代パーセプトロンは機械学習の一種であると考えることができます。

■　AIブーム

　2010年代からのAIブームを引き起こした核心技術はディープラーニングだといって過言ではないでしょう。ヒントンらによる2012年の画像認識の国際コンテスト[9]での勝利，そして2016年のAlphaGoという囲碁ソフトの成功など社会の耳目を集める出来事がありました。よく知られている出来事なのでここでは改めて紹介しません。

　表1.4にニューラルネットワークの主な研究者を年表形式であげました。統計学の場合は推測統計学と実験計画法の開祖はR.A.フィッシャーだ，というように一人の名前をあげることができますが，ディープラーニングの創始者を一人に絞ることはできません。今日のディープラーニングは多くの研究者の貢献によって創られ，今も創られつつある最中です。

■　入力データ

　次章に進む前にニューラルネットワークの入力データについての疑問に答えて

---

9)　　大規模画像認識コンペティション ILSVRC (ImageNet Large Scale Visual Recognition Challenge)。なおジェフリー・ヒントンはラメルハートの共同研究者でもありました。

表1.4　ニューラルネットワークの歴史

	主な研究者	提案	その意義
1943年	マッカローとピッツ	人工ニューロンモデル	論理演算に成功
1947年	チューリング	学習する機械	先駆的構想
1956年	ミンスキー	人工知能の研究会	エキスパートシステム
1958年	ローゼンブラット	パーセプトロン	学習機能を実現
1980年	福島邦彦	ネオコグニトロン	ディープラーニングの父 [10]
1986年	ラメルハート	誤差逆伝播法	偏微分を高速化
1989年	ルカン	畳み込みニューラルネットワーク (CNN)	画像認識
2000年代以降	ヒントン，ツアイラーら数多くの研究者	ディープラーニングの発展	高性能な手法適用分野の拡大

おきましょう。1.2 節では論理演算への適用の話をしました。論理ですから真か偽の2値しかないのでユニットの X_1 や X_2 には1か0のデータしか出てきません。しかしローゼンブラットのパーセプトロンの提案では視覚センサーからの信号を集めるのが連合層の役割でした。そのため光があたったセンサーの数が X_1 と X_2 の値になりました。ですから入力データは0以上の整数でした。どちらが本当なのだろうかと読者は迷われたかもしれません。

　ニューラルネットワークでは応用場面に応じて入力データが変ってきます。1か0のデータしか発生しない入力層もあれば実数を測定する入力層があってもおかしくありません。いずれにせよモデル内ではウェイトを掛けて合計する数的操作が入ります。従って，入力データは掛け算が可能な数値でなければなりません。個人名や住所のような文字をそのままニューラルネットに入力しても計算できません。ディープラーニングでは手描き文字や犬猫の写真を識別しているではないか？と思われるかもしれませんが，実際には画像データを何らかの数値パターンに変換してからシステムに入力しているのです。

■　統計分析

　1章では単純パーセプトロンでは排他的論理和を表すことができないと述べました。それなら昔から使われてきた統計分析なら大丈夫だったのだろうか？と疑

---

10)　福島 (1979, 1980) はネオコグニトロンという後の CNN につながる提案をしました。

問にならなかったでしょうか。統計分析といってもいろいろありますが，教師信号がある場合に該当するのが回帰分析と判別分析です。前者は量的なデータを，後者は質的な分類を予測する方法です。結論からいえば従来の統計分析を使ってもやはり問題は解決できませんでした。非線形な現象を線形モデルで表すこと自体に無理があるからです。ここで回帰分析と判別分析が何かを説明しないで抽象的に議論をしていても分かりづらいと思います。むしろディープラーニングと統計分析を実際のデータで使い比べる方がぴんとくるでしょう。そういうわけで本書の該当章の中で，ディープラーニングと従来の統計分析を比較していこうと思います。

コラム：線形分離可能とは何か

判別分析という分析法は説明変数のデータを手掛かりに分類を予測しようという問題を扱います。図 1.8 は X_1 と X_2 が説明変数で，それを組み合わせた空間に 4 つのデータが散布されています。○が購買者で × が非購買者だと考えても結構です。このように○と × が分布していると，この空間にどう直線を引こうが，空間を○領域と × 領域に 2 分することはできません。この状態を線形分離可能 (linearly separable) ではないといいます。

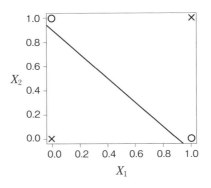

図 1.8 ○と × の散布図

点がわずか 4 つでは問題の深刻さが分かりづらいので，かりに平面に点がびっしりと詰まっていたとして，各点に対応した関数の値を縦座標にとって鳥瞰図で表したとしましょう。図 1.9 のような分布の場合は，境界の仕切りをどの角度に動かし

ても，一方に関数が正の値ばかりで，反対側に負の値ばかりになるように平面を分
割することはできません。このようなケースでは，分析データをいくら増やそうが
グループの識別は上手くできないのです。

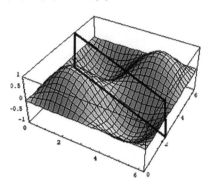

図 1.9　多峰分布と判別境界の図

## 第 2 章

数学の基礎を準備

　本章ではディープラーニングに必要な数学の基礎を準備します。ディープラーニングで用いる数学は高校数学の範囲では少しだけ足りません。最近の高校ではベクトルは教えているのに行列は教えません。行列とベクトルの偏微分も教えていません。どちらもディープラーニングの誤差逆伝播法を理解する上で欠かせない知識です。

　そこでここでは，行列とベクトルと偏微分の3要素を関連づけながら紹介することにします。行列とベクトルと偏微分はディープラーニングの計算処理をPythonでコーディングする際にも活躍します。これらの道具を用いることでディープラーニングはすっきり理解できるし計算も楽になる，というのが本書の一貫したコンセプトです。ディープラーニングは実学ですから，処理をコンピュータに実装する技術が欠かせません。そこで，本章では「数式と対訳」する形でPythonのコードを示しました。数学の基礎をおさらいするのと同時にPythonにも入門していただきたいと思います。まだPythonを使ったことがない読者は，付録Aを参考にして実行環境を整えて，本章で実際にパソコンを動かしながら計算過程を追ってみてください。

2.1 | データテーブルは行列である

■　データを行列・ベクトルとして理解する

　表2.1はあるビアホールの日別売上に関する架空のデータです。気温が高い日に販促活動を何回もすれば売上が増えるかもしれません。これらの関連しそうな情報を一覧したのが表2.1です。なお売上，気温，販促頻度を変数と呼びます。販促頻度というのは店頭でチラシ配りをする回数などをイメージしてください。表2.1の下欄にはデータの平均値を書きました。この店の1日の平均売上は30万円，気温は平均20℃，販促頻度は3回であることが分かります。売上，気温，販促のデータからそれぞれの平均値を引いて作ったのが表2.2の平均偏差データで，そ

表 2.1 ビアホールの売上に関するデータ

記録日	売上（万円）	気温（℃）	販促（頻度）
A	37	35	4
B	33	25	6
C	32	20	2
D	29	15	3
E	19	5	0
平均値	30	20	3

表 2.2 平均偏差データ

売上	気温	販促
7	15	1
3	5	3
2	0	−1
−1	−5	0
−11	−15	−3

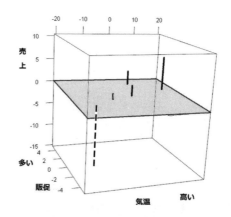

図 2.1 売上データの棒グラフ

の3変数をプロットしたのが図 2.1 です。気温が高く販促が多いと売上が平均以上になるという関連性がこのグラフから分かります。黒い棒は平均以上で，破線の棒は平均以下の売上を示します。

表 2.1 の網掛け部分の数値の配列，そして表 2.2 の数値の配列が行列です。何らかの数値をとるであろう変数の配列も行列と呼びます。日ごろ見なれた Excel のシートは行列である場合が多いのです。行列の各列をベクトルと呼びます。表 2.2 に従って行列 D と3つのベクトルを書き出したのが (2.1) です。

$$
D = \begin{bmatrix} 7 & 15 & 1 \\ 3 & 5 & 3 \\ 2 & 0 & -1 \\ -1 & -5 & 0 \\ -11 & -15 & -3 \end{bmatrix}, \quad
y = \begin{bmatrix} 7 \\ 3 \\ 2 \\ -1 \\ -11 \end{bmatrix}, \quad
x_1 = \begin{bmatrix} 15 \\ 5 \\ 0 \\ -5 \\ -15 \end{bmatrix}, \quad
x_2 = \begin{bmatrix} 1 \\ 3 \\ -1 \\ 0 \\ -3 \end{bmatrix}
\tag{2.1}
$$

　一般に行列はアルファベット大文字のボールド体（太字）で表します。行列 D の文字は Data の頭文字のつもりで名づけましたが A や B など好きな名前を使って構いません。行列のサイズは m 行 n 列とか $m \times n$ というように行数 × 列数で表現します。(2.1) の行列 D は 5 行 3 列，あるいは 5×3 の行列といいます。この D は多数の変数について測定データを並べたものなので，「多変量データ行列」とも呼ばれます。

　次に数値（場合によっては変数）の配列をベクトルと言って，y, x_1, x_2 のようにアルファベット小文字のボールド体で表します。ベクトルの名称もユーザーが好きにつけて構いません。これらの行列とベクトルを扱う数学を線形代数といいます。線形代数ではベクトルは縦にならんだ列ベクトルをさします。(2.1) の行列 D は y, x_1, x_2 という 3 つの列ベクトルを並べてできているので，$D = [y, x_1, x_2]$ と内訳を明示することもあります。

　さて，(2.1) の 3 つのベクトルはどれも要素の数が 5 つなので 5 次のベクトルといいます。あるいはそれぞれが 5 行 1 列の行列だということもできます。そして 7 とか 15 のような個々の数値のことをスカラーと呼びます。スカラーは 1 行 1 列の行列とみることもできます。

　本書で分析の対象にするのは行列，ベクトル，スカラーのいずれかです。読者は新しい変数や記号が出てきたら，それが行列，ベクトル，スカラーのどれに該当するかを意識して区別してください。

2.2 | 行列とベクトルの計算

　いわゆる加減算は行列とベクトルも算数とほぼ同様にできます。ここでは数式での表現と Python による計算に慣れていきましょう。

■　行列の和と差，そしてスカラー倍

　行列 A と B の和と差から説明します。足し算も引き算も計算する相手が必要ですから行列のサイズは行列の間で一致していなければなりません。たとえば 2 行 2 列の行列 A と 2 行 2 列の行列 B を足せば 2 行 2 列の行列 C が得られます。具体的な数値例で確かめましょう。次のように行列の各要素を足せばよいのです。

$$A + B = \begin{bmatrix} 1 & 3 \\ 2 & 4 \end{bmatrix} + \begin{bmatrix} 0 & -3 \\ -2 & 1 \end{bmatrix} = \begin{bmatrix} 1+0 & 3-3 \\ 2-2 & 4+1 \end{bmatrix} = \begin{bmatrix} 1 & 0 \\ 0 & 5 \end{bmatrix} = C$$

　この行列 C から行列 A を引けば行列 B になります。計算の過程を追えばもっともなことが分かります。

$$C - A = \begin{bmatrix} 1 & 0 \\ 0 & 5 \end{bmatrix} - \begin{bmatrix} 1 & 3 \\ 2 & 4 \end{bmatrix} = \begin{bmatrix} 1-1 & 0-3 \\ 0-2 & 5-4 \end{bmatrix} = \begin{bmatrix} 0 & -3 \\ -2 & 1 \end{bmatrix} = B$$

　行列のスカラー倍は行列の各要素を一定倍した行列になります。なおスカラーの表記には英字のイタリックを使います。スカラーを $k = 0.1$ として行列 A をスカラー倍すると次のようになります。

$$0.1A = 0.1 \begin{bmatrix} 1 & 3 \\ 2 & 4 \end{bmatrix} = \begin{bmatrix} 0.1 & 0.3 \\ 0.2 & 0.4 \end{bmatrix}$$

　以上の計算に対応した Python のコードを下の囲みに示しました。Spyder という Python の開発環境を使うものとして説明します。Spyder の導入法は付録 A に紹介します。囲みのコードは Spyder の左のエディター画面に自分でタイプするかまたはテキストファイルからコピー&ペーストしてください。まず最初に numpy という名前の計算用のライブラリを読み込みます。import…の行です。numpy というライブラリ名をコード内で何回も書くのは面倒なので，ここでは np という略称を使うことを宣言しています。それが as np というコードの意味です。Python を終了するとライブラリは消えますので，行列計算をする時にはまた numpy を読み込む必要があります。

　コードに書きこんだ#以下は，説明を書いたコメント文です。コメントなしでもプログラムは動きますが，コーディングした本人の備忘録として役立ちます。

　A= と B= の行で 2 つの行列を定義します。次の C=A+B で和の行列 C が作られます。ここで 1 行目から 5 行目までをマウスで選択してツールバーの ■▶ のボタンをクリックすると選択範囲が実行されます。右下のコンソールで C とタイプし

てエンターを押せば行列の和の計算結果が出力されます。計算のたびに新しい行列名を定義する必要はありません。単に計算できればよいのなら，C-Aと計算式を書いて実行しても構いません。計算結果はコンソールに出力されます。このように電卓を使うような感覚でPythonを利用することができます。プログラムに慣れるまでの

```python
import numpy as np

# 行列の和と差とスカラー倍
A =np.array([[1,3],[2,4]])   #2×2の行列
B =np.array([[0,-3],[-2,1]])  #2×2の行列
C = A + B
C - A
k = 0.1      # kはスカラーです
kA = k * A
```

間は，できれば1行1行実行して数式とコードが対応していることを確かめ，コードの意味を理解することをお勧めします。囲みの一番下の行はスカラーと行列の掛け算です。この計算には×ではなく*を使うことに注意してください。

■ ベクトルの内積

次に線形代数の基礎となるベクトルの内積について説明します。ベクトル a, b は断らない限り列ベクトルです。それを横に並べるには次のようにベクトルの右肩にプライム (′) をつけて行ベクトルに転置します[1]。

$$a = \begin{bmatrix} 5 \\ 4 \\ 4 \end{bmatrix}, \quad b = \begin{bmatrix} 3 \\ -1 \\ -2 \end{bmatrix}$$

```python
a =np.array([5, 4, 4]) #3 次の列ベクトル
b =np.array([3,-1,-2]) #3 次の列ベクトル
c =a @ b      #ベクトルの内積
k =10         #スカラー
ka = k * a    #ベクトルのスカラー倍
```

$$(a, b) = a'b = \begin{bmatrix} 5 & 4 & 4 \end{bmatrix} \begin{bmatrix} 3 \\ -1 \\ -2 \end{bmatrix}$$

$$= 5 \times 3 + 4 \times (-1) + 4 \times (-2) = 3$$

(a, b) は内積を表す記法です。その計算過程を見れば分かるように内積とは「配列の対応する要素を順に掛けて足す」操作を意味します。ですから次数が一致しないベクトルでは，掛ける相手が無くなるので内積は定義できません。また必ず $(a, b) = (b, a)$ なので，2つのベクトルのどちらから掛けはじめても結果は変わ

---

[1] 行列 A の転置行列の場合は A' で表します。Pythonでは転置の操作を A.T で表します。

りません。

　Python のコードを囲み内に示しました。まずはベクトル a と b を定義しています。次に内積の計算を a @ b で行い計算結果を c に代入しています。@はアットマークです。ここまでのコードを実行してからコンソール画面で c と入力してエンターを押せば，このケースでは内積が 3 だったという出力が得られます。つまりベクトルの内積はベクトルではなくてスカラーになります。

　内積の定義どおりに a.T と書いて行ベクトルに転置したうえで a.T @ b として計算すれば当然 3 になります。ところが Python は a @ b と書いても同じ計算結果を返すのです。なぜなら，Python は 2 つのベクトルの積が出てきた時は左側のベクトルは行ベクトルに違いないと気を利かせて転置するからです。

　a を a.T とみなすというのは，あくまで Python 特有の方言であって，数学の世界で通用するルールではありません。このようなあいまいさを許容する文法は混乱を招くことがあります。どういう時に混乱が起きるのかを本章末のコラムに書きました。

　なお numpy というライブラリには np.dot(X,Y) という積の関数が古くからあって，これまで多くのテキストで用いられてきました。けれどもディープラーニングの処理を記述するためには，np.dot では多重括弧を誤る危険があります。4 つの行列 A，B，C，D を順に掛け算するだけでも np.dot(np.dot(np.dot(A, B), C), D) という大騒ぎです。本書では np.dot は使いません。

　ついでにベクトルのスカラー倍の計算例を示します。スカラーが 10 だとすれば a の 10 倍は次の結果になります。計算法は行列のスカラー倍と同じです。

$$k = 10$$

$$k\boldsymbol{a} = 10 \begin{bmatrix} 5 \\ 4 \\ 4 \end{bmatrix} = \begin{bmatrix} 50 \\ 40 \\ 40 \end{bmatrix}$$

ここで Python の文法について注意しますと，Python では大文字と小文字を区別しますので A と a は別物とみなされます。ですから今の時点でコンソールに A と入力すれば $\begin{bmatrix} 1 & 3 \\ 2 & 4 \end{bmatrix}$ がコンソールに出力されます。一方 k は値を上書きしましたので現時点では 0.1 ではなく 10 になっています。

■ 掛け算を拡張する

次に掛け算を行列 × ベクトル，行列 × 行列の組み合わせに拡張しましょう。

$$Ab = \begin{bmatrix} \boxed{5 \ 4 \ 4} \\ 6 \ 5 \ 4 \end{bmatrix} \begin{bmatrix} 3 \\ -1 \\ -2 \end{bmatrix}$$

$$= \begin{bmatrix} 3 \\ 5 \end{bmatrix}$$

```
A = np.array([[5, 4, 4],[6, 5, 4]])
              #2行3列の行列
b =np.array([3,-1,-2]) #3次の列ベクトル
Ab = A @ b   #2次の列ベクトル
B = np.array([[3,4],[-1,-1],[-2,-3]])
              #3行2列の行列
AB = A @ B   #2行2列の行列
```

$$AB = \begin{bmatrix} 5 \ 4 \ 4 \\ 6 \ 5 \ 4 \end{bmatrix} \begin{bmatrix} 3 & 4 \\ -1 & -1 \\ -2 & -3 \end{bmatrix} = \begin{bmatrix} 3 & 4 \\ 5 & 7 \end{bmatrix}$$

Ab の計算は左に行列 A，右にベクトル b を置いて掛け算します。掛け算の具体的な中身を Ab の計算式で色をつけたベクトルで追跡すると，結局は2つのベクトルの内積を求めていたことが分かります。つまり行列 × ベクトルの計算は組み合わせを替えてベクトルの内積を計算したものにすぎません。読者は A の2行目のベクトルと列ベクトル b の内積が5になることを確認してください。

次に b を行列 B に拡張した掛け算が AB です。その結果は内積を4回繰り返した行列になります。それぞれの計算を行う Python のコードを右の囲みに示しました。左の数式と見比べることによって Python が何をしているかが理解できると思います。

順に解読しますと，まず np.array で行列を宣言し，@で掛け算をし，=で右辺の計算結果を左のオブジェクトに代入したのです。以上のコードを実行してからコンソールに Ab と入力してエンターを押せば Ab の結果が，AB と入力してエンターを押せば AB の結果が出力されます。簡単ですね。

なお Python の文法には行列に大文字，ベクトルに小文字をあてるという規則はありません。しかし私は行列には大文字，ベクトルには小文字を使うという線形代数の記法に従うことを強く推奨します。それによって混乱が避けられるからです。

さて，上記の数値例くらいの掛け算なら筆算でもできますが，行数と列数が数千とか数万くらいのオーダーになると人間は計算に飽きてしまいます。ところが線形代数ですと行列のサイズがいくら大きくても行列 A と行列 B の掛け算は AB

のまま変わりません。そして Python はその掛け算を A @ B というコードで実行します。ほぼ数式どおりのコードでいいのです。この圧倒的な簡潔さが行列とベクトルを使うご利益です。

ここまで紹介した掛け算を整理したのが図 2.2 です。算数で習った数どうしの掛け算が次第に世界を広げていく様子が分かるでしょう。さらに掛け算を拡張していけばスカラー，ベクトル，行列が混在した 3 つ以上の積に進むのはごく自然なことです。

スカラーどうし	ab
ベクトルどうし	$(\boldsymbol{a}, \boldsymbol{b})$
一方が行列	$\boldsymbol{Ab}$
両方が行列	$\boldsymbol{AB}$

図 2.2 掛け算の拡張

行列のサイズが m 行 n 列であることを $m \times n$ で表すことにし，行列 $\boldsymbol{A}$ が $m \times n$，行列 $\boldsymbol{B}$ が $n \times o$，行列 $\boldsymbol{C}$ が $o \times p$ だとすれば，積 $\boldsymbol{ABC}$ は $m \times n\, n \times o\, o \times p$ というように，前の行列の列数と次の行列の行数が等しいことから積が可能になり，最終的には m 行 p 列の行列が得られることが分かります。

くどく強調しますが，左隣りの行列の列数と次の行列の行数が等しくなければいけない理由は，行列の掛け算が内積に基づいているからです。図 2.2 の掛け算はどれもが内積の応用に他なりません。さらに次数の m, n, o, p は，値が 1 であっても通用しますから，行列の掛け算はスカラーとベクトルの混合掛け算にも利用できます。

スカラーを含めた混合の掛け算はデータ分析の実務によく出てきます。いくらたくさん掛け算が続いても，隣り合う次数が等しければ掛け算のリレーが成り立ちます。

たとえば，$k\boldsymbol{x'ABCDyE}$ という掛け算は一見複雑そうに見えますが結果は行列 $\boldsymbol{E}$ と同じ次数の行列になります。なぜなら，$\boldsymbol{x'ABCDy}$ の部分は 1 行 1 列のスカラーになるはずだからです。多変量解析という統計学の手法にはスカラー，ベクトル，行列が混在した掛け算がひんぱんに登場します。

重回帰分析

行列とベクトルの積など何の役に立つのかと反感をもたれないように，ビアホールの売上の応用場面を示します。表 2.2 の分析データと (2.1) の記号を用いて，$\boldsymbol{X} = [\boldsymbol{x}_1, \boldsymbol{x}_2]$，偏回帰係数ベクトルを $\boldsymbol{b} = \begin{bmatrix} b_1 \\ b_2 \end{bmatrix}$ とおきま

す。X を使って売上 y を予測するモデルが $\hat{y} = Xb$ です。予測の誤差を $e = y - \hat{y}$ として誤差の二乗和である (e, e) が最小になるように b を推定するのが重回帰分析です。ここにもベクトルの内積が出てきます。偏回帰係数は $b_1 = 0.52, b_2 = 0.40$ と推定されるのですが計算法については解説を省きます。重回帰分析は統計分析で最もベーシックな分析法です。

■ 特殊な行列とベクトル

行列とベクトルには特殊なタイプのものがあります。ディープラーニングの計算で必要になりますので，かいつまんで紹介しておきましょう。

まず行数と列数が等しい行列を正方行列といいますが，正方行列の中でも主対角要素を中心にして右上と左下の要素が等しく，ちょうど鏡に映したようになっている行列を対称行列 (symmetric matrix) といいます。対称行列とは転置しても変化しない行列のことです。転置の具体例を次に示します。主対角要素には丸印を付けました。主対角要素の合計をトレースといい $tr(\ )$ と書きます。下記の例ではトレースは $1 + 1 + 4 = 6$ です。トレースについては 2.4 節でもう一度ふれます。

$$S = \begin{bmatrix} 1 & 2 & 3 \\ 2 & 1 & 0 \\ 3 & 0 & 4 \end{bmatrix} \quad \Rightarrow \quad S' = \begin{bmatrix} 1 & 2 & 3 \\ 2 & 1 & 0 \\ 3 & 0 & 4 \end{bmatrix}$$

$$tr(S) = tr(S') = 6$$

対称行列の中でも主対角要素が 1 で残りすべてが 0 の正方行列を単位行列と呼び I で表します。単位行列はスカラーの 1 を拡張した概念です。次数が n の単位行列であることを I_n のように添字で明記することがあります。3 次の単位行列 I_3 を次に書きました。その右の 1 は 1 を要素とするベクトルです [2]。ベクトルなので小文字のボールド体で区別します。

---

2) 要素が 1 つだけ 1 で残りが 0 のベクトル $u' = (0\ 1\ \cdots\ 0)$ を単位ベクトル unit vector といいます。ディープラーニングでは単位ベクトルに one hot vector という名前を創作しています。

$$
I_3 = \begin{bmatrix} 1 & 0 & 0 \\ 0 & 1 & 0 \\ 0 & 0 & 1 \end{bmatrix}, \qquad \mathbf{1} = \begin{bmatrix} 1 \\ 1 \\ 1 \end{bmatrix}
$$

```
# 特殊な行列とベクトル
I = np.identity(3)    #単位行列
vec1 = np.ones(3)     #1ベクトル
O = np.zeros((3,4))   #ゼロ行列
vec0 = np.zeros(3)    #ゼロベクトル
1vec = np.ones(3)     #文法違反
0vec = np.zeros(3)    #文法違反
```

1 を要素とするベクトルなど何の役にもたたない空理空論ではないかと誤解されるかもしれないので，ここで使用例を示しておきましょう。

先ほどの行列 S の右から 1 を掛けてみます。

$$
S\mathbf{1} = \begin{bmatrix} 1 & 2 & 3 \\ 2 & 1 & 0 \\ 3 & 0 & 4 \end{bmatrix} \begin{bmatrix} 1 \\ 1 \\ 1 \end{bmatrix} = \begin{bmatrix} 1 \times 1 + 2 \times 1 + 3 \times 1 \\ 2 \times 1 + 1 \times 1 + 0 \times 1 \\ 3 \times 1 + 0 \times 1 + 4 \times 1 \end{bmatrix} = \begin{bmatrix} 6 \\ 3 \\ 7 \end{bmatrix}
$$

こうして行列の右から 1 を掛けることで行合計が求められることが分かりました。世帯の月単位の電力使用量の合計を出す，セールスマンの受注件数の合計を出すなど，日々の生活や業務で合計を出す場面はたくさんあります。Excel で合計を出すのと同じです。1 が極めて実用的なベクトルであることが明らかだと思います[3]。

その他，要素がすべて 0 の行列とベクトルをそれぞれゼロ行列，ゼロベクトルといいます。ゼロ行列は正方行列とは限りません。

$$
O = \begin{bmatrix} 0 & 0 & 0 & 0 \\ 0 & 0 & 0 & 0 \\ 0 & 0 & 0 & 0 \end{bmatrix}, \qquad \mathbf{0} = \begin{bmatrix} 0 \\ 0 \\ 0 \end{bmatrix}
$$

Python のコードを前頁右の囲み内に書きました。1 ベクトルとゼロベクトルのオブジェクト名の付け方は悩ましいところです。上の囲みでは 1 ベクトルには vec1，ゼロベクトルには vec0 と名付けました。本当は 1vec，0vec と書きたいところですが，Python に限らずプログラムでは通常，変数名の 1 文字目に数字を使うと文法違反 (invalid syntax) になります。

積と和が計算できる行列に限りますが，単位行列とゼロ行列には次の性質があります。いずれももっともな性質であることが簡単に確かめられます。

---

[3]　$\mathbf{1}'X$ という行ベクトルで行列 X の列合計が得られます。それを $X'\mathbf{1}$ と転置すれば列ベクトルになります。ここでは次頁の (2.2) と $(\mathbf{1}')' = \mathbf{1}$ を利用しています。

$$AI = A, \quad IA = A, \quad AO = O, \quad OA = O \quad A + O = A, \quad O + A = A$$

■ **行列の積の転置行列**

行列の積の転置の展開を (2.2) に示します。これもディープラーニングの数式展開で必要になります。

$$(ABCD)' = D'C'B'A' \tag{2.2}$$

■ **アダマール積**

線形代数で行列の積といえば図 2.2 で説明した内積に基づく積をさします。しかしディープラーニングでは、それとは異なるアダマール積 (Hadamard product) と呼ばれる積が出てきますので注意が必要です[4]。

アダマール積は、同一サイズの行列に関して、対応する要素同士を掛けて新しい行列を作る操作をさします。具体例を示せば次の通りです。

$$A = \begin{bmatrix} 1 & 7 \\ 3 & 2 \\ 4 & 1 \end{bmatrix}, \quad B = \begin{bmatrix} 10 & 1 \\ 3 & 3 \\ 2 & 5 \end{bmatrix}, \quad A \odot B = \begin{bmatrix} 1 \times 10 & 7 \times 1 \\ 3 \times 3 & 2 \times 3 \\ 4 \times 2 & 1 \times 5 \end{bmatrix} = \begin{bmatrix} 10 & 7 \\ 9 & 6 \\ 8 & 5 \end{bmatrix}$$

アダマール積には次のような性質があります。

$$A \odot O = O, \quad A \odot \mathbf{1}_m \mathbf{1}_n' = A, \quad A \odot B = B \odot A, \quad (A+B) \odot C = A \odot C + B \odot C$$

ただし A は m 行 n 列とします。たとえば $\mathbf{1}_3 \mathbf{1}_4' = \begin{bmatrix} 1 & 1 & 1 & 1 \\ 1 & 1 & 1 & 1 \\ 1 & 1 & 1 & 1 \end{bmatrix}$ は 1 を要素とした 3 行 4 列の行列です。4 章でこのアダマール積が出てきます。

アダマール積は数学では * で表すのが慣例ですが、本書の文章内では通常の積との違いを強調するために $\odot$ を使います。

2.3 偏微分

ディープラーニングの実行には偏微分の計算が必要になります。本節ではコンピュータで微分を計算する素朴な方法から話を始めます。

---

4) アダマールは行列式の不等式で知られるフランスの数学者です。アダマール積についてはラオ (1977) による『統計的推測とその応用』東京図書、28 頁に解説が書かれています。

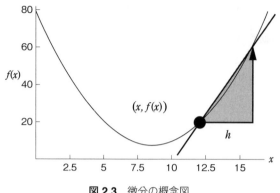

図 2.3　微分の概念図

■ 数値微分を行う

　微分とは関数の傾きを求めることだろう，というくらいは覚えていると思います。けれどもいろいろな関数について微分の公式を暗記していて縦横無尽に使いこなせる人は希でしょう。幸い微分の公式に頼らず微分の定義から微分を計算する手段があるのです。

　図 2.3 は横座標が x，縦座標が $f(x)$ として描いています。微分とは x が h だけ増えたときの縦座標の変化の比ですから，その定義は (2.3) です。

$$\frac{d}{dx}f(x) = \frac{f(x+h) - f(x)}{h} \tag{2.3}$$

　h を 0 に近づけて極限を求めるという厳密な議論はせず，h として本当に小さな数値を与えて (2.3) の比をとることで，点 $(x, f(x))$ での関数の傾きが近似的に求められます。関数 $f(x)$ は関数式さえ書ければいいので，関数の形状を知らなくても大丈夫です。

　実習として $f(x) = -x \exp(-3x^2)$ という何だか分からない関数について X が $0.2, 0.4082, 1.0$ の 3 点で微分を求めてみましょう [5]。ここで exp というのは exponential function つまり e ($e = 2.71828\cdots$) の指数関数を示す記法です。指数関数になじみのない人は，Excel にも exp() という関数が入っていますので，括弧内にいろいろな数値を入れて指数関数の挙動を確認してください。

　Python のコードは囲みのようになります。はじめに derivative() と f2_3() という 2 つの関数を定義しています。() 内には関数に入力する引数を書きます。

---

5)　e^{-3x^2} と書くと読みづらいのでしばしば $\exp(-3x^2)$ という表記をします。

h=1e-4 は 0.0001 という意味です。最後の 3 行で数値微分を実行しています。そ
れらを 1 行ずつ実行すると微分の値を次のようにコンソールに出力します。

```
# 数値微分
import numpy as np

def derivative(f,x):
    h=1e-4
    return (f(x+h)-f(x))/h

def f2_3(x):
    return -x * np.exp(-3* x ** 2)

derivative(f2_3,0.2)
derivative(f2_3,0.4082)
derivative(f2_3,1.0)
```

$$\frac{d}{dx}f(0.2) = -0.674$$

$$\frac{d}{dx}f(0.4082) = 0.000$$

$$\frac{d}{dx}f(1.0) = 0.249$$

この関数は 0.2 では減少状態にあり 0.4082 で水平になり，1.0 では増加している
ことがわかります。参考までにこの関数のグラフをプロットすると図 2.4 のよう
になります。

この数値微分を使えば，関数の微分に関する公式をあれこれ知らなくても計算
機まかせで微分できてしまいます。

■ 偏微分

図 2.4 は変数が 1 つだけの関数でした。ではディープラーニングでは 1 変数の
関数を扱っているのかというと，そうではないのです。詳しくは 4 章以降で説明
しますが，ディープラーニングではとても変数の数が多い関数を扱います。

ではどうやって微分するかというと，多数の変数の中から一つの変数を選んで
残りの変数をすべてただの定数とみなして偏微分をします。次に別の変数を選ん

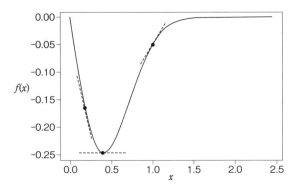

図 2.4　関数 $f(x) = -x \exp(-3x^2)$ のグラフ

で…という計算を繰り返すのです。

　変数の数が多いと定義を書くのさえ大変なので，まずは変数が x, y の 2 つの場合について偏微分の計算式を書きましょう。

$$\frac{\partial f(x,y)}{\partial x} = \lim_{h \to 0} \frac{f(x+h,y) - f(x,y)}{h}$$
$$\frac{\partial f(x,y)}{\partial y} = \lim_{h \to 0} \frac{f(x,y+h) - f(x,y)}{h} \tag{2.4}$$

　(2.4) では数値微分ではなく h をゼロに近づける極限を使った定義式を書きました。厳密にいえば h をゼロに近づけたときに (2.4) 式の比がある一定の値に収束する，という条件が必要なのですがそれはクリアーできたとします。(2.4) は変数が 2 つだけだったので 2 組の式を書きましたが，変数が 100 個なら 100 個の式が必要になります。それ以外の (2.3) との違いは，ふつうの微分では d の記号を使うところを ∂（ラウンドと呼びます）の記号に変えただけです。実際にやっている計算はふつうの微分と違いません。

■　偏微分の導関数を求める

　よく知られた関数であれば微分の公式を利用して偏導関数を求めておいた方が数値微分よりも速く正確に計算できます。簡単な関数で確かめてみましょう。

　$f(x,y) = x^3 e^y$ とします。x^3 を x で微分すれば $3x^2$ で，e^y を y で微分すれば e^y であることは分かっているとします[6]。すると

---

6)　ここでは $'$ を微分の記号として，$(x^a)' = ax^{a-1}$, $(e^x)' = e^x$ という微分の公式を使います。

となります。

$$\frac{\partial f(x,y)}{\partial x} = 3x^2 e^y, \qquad \frac{\partial f(x,y)}{\partial y} = x^3 e^y$$

となります。このようにあらかじめ導関数の形で偏微分を用意しておけば，任意の点 (x_0, y_0) で x と y の数値を入力すれば，その点での関数の x 方向での傾きと y 方向での傾きが求められるのです。

■ 微分の連鎖律

ディープラーニングでは合成関数の微分が活躍します。合成関数というのは，たとえば変数 y が z の関数であり，その z が別の変数 x の関数だとします。文章で書くとかえってややこしいのですが，$y = f(z)$ であり $z = g(x)$ であるとき $y = f(g(x))$ が合成関数です。そして $y = f(z), z = g(x)$ がともに微分可能なとき，合成関数 $y = f(g(x))$ も微分可能であって $\dfrac{dy}{dx} = \dfrac{dy}{dz} \cdot \dfrac{dz}{dx}$ が成り立ちます。$\dfrac{dy}{dx} = \dfrac{dy}{dz} \cdot \dfrac{dz}{dx}$ という掛け算は，いかにも $x \Rightarrow z \Rightarrow y$ という数珠つなぎに見えることから微分の連鎖律 (chain rule) と呼ばれています。

ディープラーニングでは一般に多変数の関数を扱うので，偏微分の記号を使って連鎖律を書きます。

$$\frac{\partial y}{\partial x} = \frac{\partial y}{\partial z} \cdot \frac{\partial z}{\partial x}$$

2.4 | 行列とベクトルの偏微分

いよいよ行列とベクトルを使った偏微分を紹介しましょう。この数学がディープラーニングに必要になるのです。

■ ベクトルの内積の偏微分

ベクトル a と x の内積を x の各要素で順に偏微分するとどうなるかを考えましょう。ベクトルが 3 次で $a' = \begin{bmatrix} 1 & 2 & 3 \end{bmatrix}$，$x' = \begin{bmatrix} x_1 & x_2 & x_3 \end{bmatrix}$ だとすると内積は $1x_1 + 2x_2 + 3x_3$ という 3 変数の関数になります。それを x_1 だけを変数とみて偏微分すれば結果は 1 です。同様に x_2 で偏微分すれば 2 で x_3 で偏微分すれば 3 になります。ですから以上 3 つの結果をまとめてベクトルで表せば，次のように書けるのです。

$$\frac{\partial(\boldsymbol{a}, \boldsymbol{x})}{\partial \boldsymbol{x}} = \begin{bmatrix} 1 \\ 2 \\ 3 \end{bmatrix} = \boldsymbol{a}$$

■　同じベクトルの内積の偏微分

こんどは内積 $(\boldsymbol{x}, \boldsymbol{x})$ を $\boldsymbol{x}$ の各要素で順に偏微分したらどうなるでしょうか。これも 3 次のベクトルで確かめると内積は $x_1^2 + x_2^2 + x_3^2$ ですから，x_1 で偏微分すると x_1^2 だけに着目して，残りは定数項とみればよいのです。結果は $2x_1$ ですね。同様に x_2 で偏微分すれば $2x_2$，x_3 で偏微分すれば $2x_3$ です。以上 3 つの結果をまとめてベクトルで表せば次のようになります。

$$\frac{\partial(\boldsymbol{x}, \boldsymbol{x})}{\partial \boldsymbol{x}} = \begin{bmatrix} 2x_1 \\ 2x_2 \\ 2x_3 \end{bmatrix} = 2\boldsymbol{x}$$

ベクトルの内積の偏微分は高校時代に習った $(ax)' = a$, $(x^2)' = 2x$ という微分にとても似ていることに驚かれたと思います。

■　行列とベクトルの積の偏微分

$m \times n$ の行列 $\boldsymbol{A}$ と n 次のベクトル $\boldsymbol{x}$ との積は m 次のベクトルになるのですが，それを $\boldsymbol{x}$ の各要素で偏微分したい場面もよく出てきます。この問題は 2.2 節 (p.25) の内積にそって考えましょう。内積は行ベクトルと列ベクトルの掛け算でしたから，

$$\boldsymbol{A} = \begin{bmatrix} \boldsymbol{a}'_1 \\ \boldsymbol{a}'_2 \\ \vdots \\ \boldsymbol{a}'_m \end{bmatrix}$$

と m 個の行ベクトルの並びに書き直して $\boldsymbol{x}$ との内積をとってみましょう。

$$\boldsymbol{Ax} = \begin{bmatrix} (\boldsymbol{a}_1, \boldsymbol{x}) \\ (\boldsymbol{a}_2, \boldsymbol{x}) \\ \vdots \\ (\boldsymbol{a}_m, \boldsymbol{x}) \end{bmatrix}$$

このように内積を並べた m 次の列ベクトルが得られます。

　さて，偏微分したい変数は n 個あり，偏微分の対象となる内積の関数は m 個あるので，その組み合わせである $n \times m$ 個だけ偏微分の結果が得られるはずです。ですから行列とベクトルの積の偏微分は行列で表されます。

　行列の要素は変数を x_i $(i = 1, 2, \cdots, n)$，内積の番号を $j = 1, 2, \cdots, m$ として，次の (i, j) の組み合わせによって結果が表されます。

$$\frac{\partial(\boldsymbol{a}_j, \boldsymbol{x})}{\partial x_i} = \frac{\partial}{\partial x_i}(a_{j1}x_1 + \cdots + a_{ji}x_i + \cdots + a_{jn}x_n) = a_{ji}$$

第 i 行に $j = 1, 2, \cdots, m$ と変化する a_{ji} を並べるわけですから，元の $\boldsymbol{A} = (a_{ij})$ を転置することになります。ですから $n \times m$ の結果をまとめれば次のようにシンプルな式が導かれます。

$$\frac{\partial \boldsymbol{A}\boldsymbol{x}}{\partial \boldsymbol{x}} = \boldsymbol{A}'$$

　一方で $m \times n$ の行列 $\boldsymbol{B}$ の左から m 次の変数行ベクトル $\boldsymbol{y}'$ を掛けた場合はどうなるかといいますと，b_{ij} を要素とした $m \times n$ の偏微分行列が導かれます。この場合は $\boldsymbol{B}$ の転置がないので分かりやすいですね。

$$\frac{\partial \boldsymbol{y}'\boldsymbol{B}}{\partial \boldsymbol{y}} = \boldsymbol{B}$$

■　トレースとその偏微分

　トレースはすでに紹介したように正方行列の主対角要素の和でした。トレースを求める作用を $\mathrm{tr}(\ )$ で示します。トレースは和ですからスカラーです。トレースが必要になる場面はたくさんありますが，ディープラーニングでは 2 つの行列の距離を測るのに用いられます。サイズの等しい行列 $\boldsymbol{A}, \boldsymbol{B}$ とその差の行列 $\boldsymbol{D}$ が次の通りだったとしましょう。

$$\boldsymbol{A} = \begin{bmatrix} 1 & 0 \\ 0 & 3 \\ 2 & 4 \end{bmatrix}, \quad \boldsymbol{B} = \begin{bmatrix} 2 & -1 \\ 0 & 1 \\ 2 & 4 \end{bmatrix}, \quad \boldsymbol{D} = \boldsymbol{A} - \boldsymbol{B} = \begin{bmatrix} -1 & 1 \\ 0 & 2 \\ 0 & 0 \end{bmatrix}$$

この $\boldsymbol{D}$ の積和 $\boldsymbol{D}'\boldsymbol{D}$ を求めてからそのトレースを計算します。

$$tr[(\boldsymbol{A} - \boldsymbol{B})'(\boldsymbol{A} - \boldsymbol{B})] = tr[\boldsymbol{D}'\boldsymbol{D}] = tr\left(\begin{bmatrix} -1 & 0 & 0 \\ 1 & 2 & 0 \end{bmatrix} \begin{bmatrix} -1 & 1 \\ 0 & 2 \\ 0 & 0 \end{bmatrix}\right)$$ (2.5)

$$= tr\begin{bmatrix} \boxed{(-1)^2} & -1 \\ -1 & \boxed{1^2 + 2^2} \end{bmatrix} = 1 + 1 + 4 = 6$$

(2.5) の計算過程をみると，$(-1)^2 + 1^2 + 2^2$ なので，結局 (2.5) によるトレースは $\boldsymbol{D}$ の各要素の「二乗和」を求めていたことが分かります。

$\boldsymbol{A}$ と $\boldsymbol{B}$ の距離というと幾何学の話題に脱線したのかと誤解されるかもしれませんがそうではありません。(2.5) 式は誤差の二乗和の表現なので，ディープラーニングに必要になるのです。

トレースについての性質を示しておきましょう。$\boldsymbol{G}$, $\boldsymbol{H}$ が和と積が可能な行列の場合，

$$tr(\boldsymbol{G} + \boldsymbol{H}) = tr(\boldsymbol{G}) + tr(\boldsymbol{H}), \quad tr(k\boldsymbol{G}) = k \cdot tr(\boldsymbol{G}), \quad tr(\boldsymbol{G}\boldsymbol{H}) = tr(\boldsymbol{H}\boldsymbol{G})$$

$\boldsymbol{A}$ が定数行列で $\boldsymbol{X}$ は変数の行列だとすると $\boldsymbol{X}$ に関するトレースの偏微分は次の性質があります。ベクトルの偏微分と似た結果になります。

$$\frac{\partial tr(\boldsymbol{A}\boldsymbol{X})}{\partial \boldsymbol{X}} = \boldsymbol{A}', \quad \frac{\partial tr(\boldsymbol{X}\boldsymbol{A})}{\partial \boldsymbol{X}} = \boldsymbol{A}', \quad \frac{\partial tr(\boldsymbol{X}'\boldsymbol{X})}{\partial \boldsymbol{X}} = 2\boldsymbol{X}, \quad \frac{\partial tr(\boldsymbol{A}'\boldsymbol{A})}{\partial \boldsymbol{X}} = \boldsymbol{O}$$

トレースの偏微分は 4 章の勾配行列の偏微分で必要になります。上記の最初の偏微分について具体例をあげて説明しましょう。

変数 $\boldsymbol{X}$ の行列の次数を $n \times m$ としますと，トレースを計算する行列が正方行列であることと行列の積が可能でなければならないという条件から定数の行列 $\boldsymbol{A}$ は $m \times n$ でなければなりません。トレースはスカラーですが，それを $n \times m$ 個の変数 x_{ij} で順に偏微分するわけですから偏微分の結果も $n \times m$ 組得られます。それらを行列 $\boldsymbol{X}$ と同じ配列で並べれば，トレースの偏微分は $n \times m$ の行列になるはずです。実際に $n = 3, m = 2$ の簡単な数値例で確かめてみましょう。

$$\boldsymbol{A} = \begin{bmatrix} 1 & 2 & 3 \\ 4 & 5 & 6 \end{bmatrix}, \quad \boldsymbol{X} = \begin{bmatrix} x_{11} & x_{21} \\ x_{21} & x_{22} \\ x_{31} & x_{32} \end{bmatrix}$$

だとしますと，

$$tr(\boldsymbol{AX}) = tr \begin{bmatrix} \boxed{x_{11} + 2x_{21} + 3x_{31}} & x_{21} + 2x_{22} + 3x_{32} \\ 4x_{11} + 5x_{21} + 6x_{31} & \boxed{4x_{21} + 5x_{22} + 6x_{32}} \end{bmatrix}$$

$$= x_{11} + 2x_{21} + 3x_{31} + 4x_{21} + 5x_{22} + 6x_{32}$$

ですからトレースを x_{11} で偏微分すれば 1 になり，x_{21} で偏微分すれば 2 になります。行列 X の要素の配列を守りながら 6 つの偏微分を並べると，次の行列になります。

$$\frac{\partial}{\partial \boldsymbol{X}} tr(\boldsymbol{AX}) = \begin{bmatrix} 1 & 4 \\ 2 & 5 \\ 3 & 6 \end{bmatrix} = \boldsymbol{A}'$$

これでトレースの偏微分の一番目の性質が確認できました。二番目の性質は $tr(\boldsymbol{AX}) = tr(\boldsymbol{XA})$ なので明らかです。

コラム：行列とベクトルに一貫性がない numpy

numpy というライブラリはベクトルの内積を a @ a と書くと左のベクトルを転置して a の要素の二乗和を計算します。たとえば $\boldsymbol{a}' = [1\ 2\ 3]$ であれば次の計算を行います。

$$(\boldsymbol{a}, \boldsymbol{a}) = \boldsymbol{a}'\boldsymbol{a} = [1\ 2\ 3] \begin{bmatrix} 1 \\ 2 \\ 3 \end{bmatrix} = 1^2 + 2^2 + 3^2 = 14$$

線型代数では $\boldsymbol{a}$ と $\boldsymbol{b}$ が 3 次のベクトルだとすると $\boldsymbol{a}'\boldsymbol{b}$ と $\boldsymbol{ab}'$ の一方は内積が定義できません。ところが numpy は a.T @ b でも a @ b.T でも同じ内積の値を出してしまうのです。配列をベクトルとして扱わないことに起因するトラブルです。

より重大なトラブルは行列と行列の積です。numpy は X @ X と書けば X.T @ X と解釈して演算するのかと言えば，そうはしません。つまり numpy はベクトルと行列の間で掛け算への対応が一貫していないのです。

行列の転置を間違えても，実行時にエラーが出るのだから，気にしないでいいのではと考える人がいるかもしれません。けれども次の計算をみてください。

$$X = \begin{bmatrix} 1 & 2 \\ 3 & 4 \end{bmatrix}, \; Y = \begin{bmatrix} 5 & 6 \\ 7 & 8 \end{bmatrix}$$

$$XY = \begin{bmatrix} 19 & 22 \\ 43 & 50 \end{bmatrix}$$

$$X'Y = \begin{bmatrix} 26 & 30 \\ 38 & 44 \end{bmatrix}$$

```
# 行列と行列の積
X = np.array([[1, 2], [3, 4]])
Y = np.array([[5, 6], [7, 8]])
S1 = X @ Y
print(S1)
S2 = X.T @ Y
print(S2)
```

　つまり，どちらの場合も掛け算を実行しますが計算結果は異なります。そのどちらが正しい計算なのかをプログラムが教えてくれるわけではありません。

　行列の積を A @ B と書くことは簡単です。簡単すぎるために，かえって自分が何をしているかがわからなくなるおそれがあります。Python がアウトプットを出したからといって，その計算が正しいことにはなりません。

第 **3** 章

線形から非線形へ

　本章ではディープラーニングを成り立たせている基本的な道具立てを説明していきます。具体的には，入力から出力までの階層構造とユニットにおける非線形変換，そして最急降下法による最適値の探索です。これらの道具立てはすべてディープラーニング以前から統計学やその他の分野で開発され使われてきた方法です。

　はじめに 3.1 節で，線形モデルを紹介しその限界を示しました。3.2 節では階層構造を持った統計分析は以前からあったことを紹介します。3.3 節ではディープラーニングで活性化関数と呼んでいる変換を紹介します。これらは，統計学の一般化線形モデルで扱ってきたものと同じです。最後にディープラーニングのパラメータの最適化法を紹介します。これもディープラーニングの中から開発されたものではなく，昔からあった方法でした。

　ひとことで言えば，ディープラーニングは既存の理論や技術を存分に採用してできた方法です。「線形から非線形へ」というとディープラーニングでは線形モデルから決別しているのかと思われるかもしれません。しかしディープラーニングは線形モデルも活用しています。

　従来の統計学が主に数値データを扱ってきたのに対して，ディープラーニングはテキスト，音声，画像などのマルチ・モーダルな情報で成果をあげているのが特徴です。

3.1 ｜ 線形モデルとは

■　線形モデルの限界

　線形モデルとは変数の関係が $Y = aX_1 + bX_2 + \cdots$ という形式の加重加算で表されるモデルをいいます。右辺の項は 1 つだけの場合もあればもっと多い場合もあります。「線形性」の意味については次頁の囲みで補足説明しました。

　上式の変数 Y と X は研究分野や応用上の文脈に応じて表 3.1 のような名称で呼ばれてきました。それぞれの変数の意味合いは多少違うのですが，ここではザッ

線形性の一般的な意味

　要素 x の関数 $f(x)$ と任意の数 k に対して

$$性質 1：f(x_1 + x_2) = f(x_1) + f(x_2)$$

$$性質 2：f(kx) = kf(x)$$

が成り立つとき，$f(x)$ は線形であるといいます。性質 1 は和の交換可能性，性質 2 は定数倍の交換可能性を意味します。要素 x は数値に限らず 2 章で説明したベクトルでもよいし，x 自体が関数でも構いません。また $f(\ )$ が何らかの作用を表すこともあります。たとえば微分するという作用でいえば次の性質を意味します。

性質 1 は関数の和の微分は，それぞれの関数の微分の和に等しい

性質 2 は関数の定数倍の微分は，関数を微分してから定数倍したものと等しい

　本節で述べる $Y = aX_1 + bX_2$ は性質 1 と 2 を満たすので線形性があります。

クリと類似語と考えておきましょう。変数に掛けられる係数 $a, b, \cdots$ のことを本書ではウェイトとかパラメータと呼ぶことにします。

　さて，線形モデルはこれまで自然現象，社会現象のエッセンスを表すモデルとしてしばしば利用されてきました。しかし，現象をより詳しく分析しようとすると，線形モデルでは満足な結果が得られない場合があります。たいていの場合，

表 3.1　変数の名称対照表

分野	予測したい変数 Y	予測に使う変数 X
ディープラーニング	教師	入力
数学	従属変数	独立変数
統計学	基準変数	説明変数
経済学	目的変数	予測変数
計量経済モデル	内生変数	外生変数
多属性態度モデル	態度	属性
因果分析	結果	原因
実験計画	反応	要因
ビジネス	成果	活動

線形モデルは現象の近似にすぎないからです。

　線形モデルでは現象のエッセンスがとらえられない一例をあげると，1.2 節で紹介した排他的論理和は 1 と 1 が成り立った結果が 2 でも 1 でもなく 0 になる例でした。これは aX_1 と bX_2 を加算してはならないケースです。

　また線形モデルの要素である aX という加重も常に正しいとはいえません。これは説明変数 X の値の変化に応じて Y が直線的に変化する関係を意味します。$a > 0$ ならプラスの関係，$a < 0$ ならマイナスの関係です。けれども世の中には直線的に変化しない関係もあります。そのような消費者行動の例を挙げましょう。

■　中高生向け商品への購買意向

　中学生と高校生に人気の高い商品を考えてみましょう。5 歳から 17 歳までを対象にしたデータをプロットしたグラフが図 3.1 だったとします。表 3.1 の対照表でいえば購入意向が Y で年齢が X です。

　このデータに回帰分析[1] という方法で直線の式を当てはめた結果が図 3.2 です。この直線は年齢とともに購入意向が上がり続ける，という単調増加の関係を示しています。実際の購入意向は 14 歳をピークにしてその後は減少に転じますが，図 3.2 の直線ではそのような変動は表現できません。

　図 3.2 では現象を表す破線と予測を表す直線が乖離しています。現象がうまく予測できなかったのはなぜでしょうか。17 歳でデータが打ち切られたことが原因なのでしょうか。ためしに 20 代，30 代の年齢までデータを追加して再分析すれ

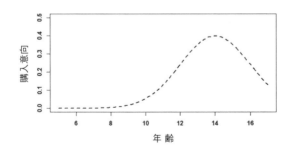

図 3.1　ある商品の購入意向

---

1)　正確に言えば説明変数が 1 つの場合を単回帰分析，複数の場合を重回帰分析と呼びます。図 3.2 は単回帰分析によって得られた回帰直線を実線で描いたものです。

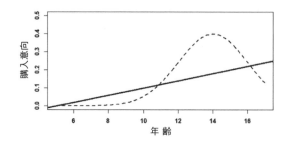

図 3.2　回帰直線 $Y = aX_1 + b$ の当てはめ

ば，回帰直線はどこかで水平になるでしょう。さらに年配の方を含めて全世代の
データを分析すれば，回帰直線は右下がりになるでしょう。以上のどの場合も，横
座標の途中でピークがくる分布（これを単峰分布といいます）を表現することが
できません。つまり回帰直線の当てはめでは，データ量をいくら増やそうが，幅
広い年齢層にわたってデータを集めようが，単峰分布であるという真相に迫れな
いのです。

■　曲線をあてはめる方法

　前項のアプローチでは「途中にピークがくる」という現象が表せませんでした。
従来の統計分析はこの問題に様々なアプローチで対応してきました。その１つは
$X_2 = X_1^2$ のように 2 乗の項を追加することで放物線のモデル式を作って，それ
を山形のデータに当てはめる方法です。さらに 3 乗，4 乗を加えた多項式の曲線
を仮定することもできます。しかし曲線を仮定するということは，分析もしない
うちから正しい関数形が分かっているという先験的なアプローチか，あるいは特
定の多項式に従うという仮説をデータで検証することが目的のいずれかになりま
す。どちらにせよデータから適切なモデルを発見することが大事だというミンス
キーの課題提起（1.1 節）に応えるものではありません。

　なお説明変数を累乗やべき乗したモデルでもパラメータに関しては線形である
といいます。たとえば年齢を 2 乗した項を X_2 として追加する場合でも，関数は
$aX_1 + bX_2 + c$ の形に書けます。また X^a というべき乗を設定する場合も，その
対数をとって $a \log X$ と変換すれば通常の回帰分析で分析できます。

■　データを層別する

　図 3.3 では折れ線 (piecewise linear) をデータに当てはめた場合を示しました。

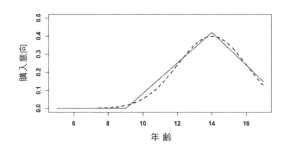

図 3.3 折れ線を当てはめる場合

ここでは点線のカーブを折れ線が近似しています。データを全体としてみれば非線形なのですが，データをいくつかのグループに区分して，それぞれに線形モデルを当てはめると，かなりよい近似が実現できます。この処理のことを統計分析では「層別」と呼んでいます。このように全体をプールした場合と層別した場合で傾向が変わることを統計学ではシンプソンのパラドックスと呼びます。シンプソンのパラドックスは 1950 年代から指摘されてきたことです。

　なお図 3.3 では，データを年齢で 3 区分した前処理に分析者の主観的な判断が入りました。しかし機械が自動的にデータの区分を決める統計分析も存在します。次節で紹介する決定木がそうです。ディープラーニングもユニットごとに異なる入力が与えられることを通じて次のリンクへのウェイトに違いが出てきます。4章以降で詳しく述べますが，多層化したネットワークは層別のパラメータ推定と同じ機能を果たすのです。

■　**ダミー変数で対応する**

　図 3.1 のような曲線に対してとられてきたもう 1 つの方法が，ダミー変数の利用でした。年齢を実数ではなくカテゴリーとして扱い，設定したカテゴリーに該当すれば 1，該当しなければ 0 の値を与えます[2]。たとえば年齢を 5〜17 歳まで13 カテゴリーに分けたとします。カテゴリー別に購入率を計算すれば図 3.4 の縦棒グラフのようになり，現象によく当てはまるモデルが得られます。

　図 3.2 の回帰直線では直線の傾きと切片という 2 つのパラメータを推定しまし

---

[2]　ディープラーニングでも質的な入力にダミー変数を使います。図 3.4 の処理は，もともと比率尺度であった年齢を名義尺度として扱ったことを意味します。このように尺度を変えることが有用なのかは一概にいえません。尺度については章末コラムで解説します。

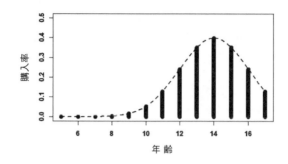

図 3.4　ダミー変数で対応する

た。一方図 3.4 のダミー変数法ではパラメータの数は 13 個になります。パラメータを増やせばモデルが現象に適合するのは当たり前です。しかし，それはそれで「過学習」といわれる問題が生まれます。しっかり学習して何がいけないのかという問題は，7 章であらためて取り上げます。

3.2 │ SEM と決定木

　ディープラーニングと類似した統計分析は従来からありました。本節では階層構造を仮説として設定する SEM とデータ解析を通じて階層構造を導く決定木の 2 つを紹介します。そしてディープラーニングとどこが違うのかを述べます。

■　SEM

　階層構造をもったモデルはディープラーニングの専売特許ではありません。SEM という統計分析法があります。SEM は構造方程式モデル (structural equation model) の略で，共分散構造分析とも呼ばれている多変量解析法です。

　SEM を使えば因子と因子の間の因果関係を量的に知ることができます。因子というのは直接観測できない構成概念です。直接観測できないのですから，因子は潜在変数です。

　直接観測できない因子など空理空論だと否定する人がいるかもしれません。けれども景気や物価という概念はまさに現象の背後に想定される構成概念（因子）なのです。株価や設備投資そして日銀短観などの直接観測できる現象の背後には景気という因子が存在すると考えられます。また消費者物価は数百の品目の小売り価格によって間接測定される構成概念です。それでは景気と物価の間にプラスの

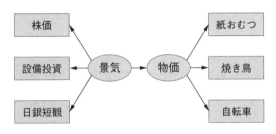

図 3.5 因子間の因果関係

因果関係があるかどうかを論じるのは無意味な空論でしょうか。不思議なことに「景気」と「物価」の存在を疑う人はめったにいません。図 3.5 を見てください。SEM を使えば現実の観測データをもとに因子間の因果関係の有無を統計的に検証することができます。

図 3.5 の景気と物価の因果の強さはパス係数によって推定できます[3]。なお図中の矩形は観測データを表し楕円は因子を表します。このように因子間の因果関係を表したモデルを多重指標モデルといいます。次に多重指標モデルの事例を紹介しましょう。

図 3.6 は日本のサービス産業の生産性向上を目的として開発された多重指標モ

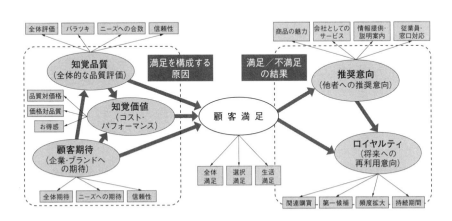

図 3.6 SEM による多重指標モデル
出典：サービス産業生産性協議会の JCSI 紹介資料より

---

3) パス係数はディープラーニングのユニット間のウェイトと同じ意味をもちます。

デルです。これはサービス産業生産性協議会が経済産業省の委託を受けて平成 19
年（2007 年）度から開発を始めたプロジェクトでした。日本版顧客満足度指数を
略して JCSI (Japanese Customer Satisfaction Index) と呼んでいます。著者も
この指標開発にかかわりました。今日では JCSI は開発期から普及・展開期に入っ
ています。[4]

　SEM のモデルで楕円で囲まれた潜在変数はディープラーニングでいう中間ユ
ニットです。このモデルは全体として多層的なネットワークであり，元にもどる
フィードバックはありません。その点で SEM とディープラーニングは一致して
います。しかし多重指標モデルはまず分析者が潜在変数を概念構成して，その概念
にそって測定データを集めて仮説を検証します。人口知能と対比すれば SEM は
エキスパートシステムに似ています。一方ディープラーニングは機械が自動的に
データからルールを発見します。「検証的方法の SEM」⇔「発見的方法のディー
プラーニング」という根本的な立場の相違があります。

■　決定木

　決定木はディシジョンツリーとも呼ばれます。様々な方法がありますがその 1
つにブレイマンら (1984) の回帰樹木 (regression tree) があります。たくさんの
説明変数の中から基準変数のデータを最も明瞭に 2 分できる説明変数を機械が自
動的に探すというのが回帰樹木のアルゴリズムです。回帰樹木を使って個人年金
の加入率を分析した結果を図 3.7 に示します。この分析データは首都圏の男女 500
人を対象に著者が自主調査したものです。分割点（ノード）内の数字は，そのグ
ループ（n 人）での個人年金の加入率 (%) です。

　図 3.7 は図中に書かれた条件に該当するか否かで木が枝分かれしています。右
端のターミナルノードを見ると，33 歳以上で家や土地の不動産を保有している人
は個人年金の加入率が 68%と，他のセグメントより高いことが分かります。逆に
年齢が 33 歳未満の未婚者では個人年金の加入者が 9.8%しかいません。

　このように決定木の枝分かれは機械が自動的に判定します。決定木とディープ
ラーニングは機械が学習するという意味では共通点があります。決定木のノード
とディープラーニングの隠れ層のユニットも見かけは似ています。しかし決定木
に登場するノードは入力データの AND 条件で定義できる集団であるのに対して，

---

　4)　最新の情報は https://www.service-js.jp/を見てください。

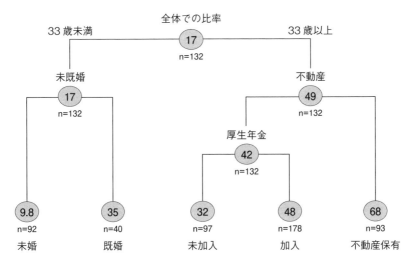

図 3.7　個人年金の決定木

ディープラーニングの場合は入力データの AND 条件では定義できません。4 章以降を読むことで両者の違いは明らかになるはずです。

3.3 | 活性化関数

　ディープラーニングではユニットに入力された値を非線形変換した上でユニットから出力します。そのために用いられる関数をディープラーニングでは活性化関数と呼んでいます。なぜ活性化するのかという疑問への素朴な回答は，ディープラーニングがニューロンの活動を模したものだからです。1.2 節で述べたように神経細胞体は刺激の総和がある閾値を超えたときに軸索を通して次のニューロンに興奮を伝達するのでした。このとき神経細胞体内で電位がスパイク状に上昇します。したがってあるユニットから次のユニットに情報が伝達される際には非線形の変換が働くと仮定するのです。活性化関数を用いるもう 1 つの理由は，それが予測に役立つからです。この節では 4 つの活性化関数と 1 つの識別関数を紹介し，最後に既存の統計理論との関係を述べます。

■ ステップ関数
　図 3.8 にステップ関数のグラフを示します。1 章で述べた神経細胞の興奮過程

を率直に模した活性化関数になっています。X がある閾値を超えたら $f(x) = 1$ を出力し，そうでない場合は 0 を出力します。0 を出力するということは興奮を伝達しないという意味です。

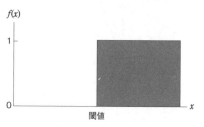

図 **3.8**　ステップ関数

　そういうわけでステップ関数はパーセプトロンを表現するのにはピッタリなのですが，多層のニューラルネットワークの活性化関数に使うには都合が悪かったのです。それはディープラーニングが微分を使ってパラメータの修正方向を探索する方針をとったからです。X の全域にわたって微分を求めるには $f(x)$ は連続関数でなければなりません。その点ステップ関数は閾値で関数が不連続なので微分が求められません。閾値の 1 点だけなら大した問題ではありませんが，閾値を除く全ての X について関数 $f(x)$ は定数ですので，傾きを示す微分は常にゼロになります。ですから微分をしてもパラメータの修正方向が決められない，という致命的な問題があったのです。そういうわけで，ディープラーニングでは活性化関数にはステップ関数を用いません。

■　レルー関数

　ディープラーニングの中間ユニットでよく用いられる活性化関数はステップ関数ではなくて図 3.9 のレルー (ReLU) 関数です。ReLU というのは rectified linear unit の略で，元の変数を (3.1) 式で変換する関数です[5]。あわせてその微分を右に書きます。

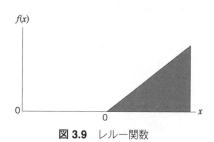

図 **3.9**　レルー関数

$$f(x) = \begin{cases} x & (x \geq 0) \\ 0 & (x < 0) \end{cases}, \qquad \frac{df(x)}{dx} = \begin{cases} 1 & (x > 0) \\ 0 & (x < 0) \end{cases} \tag{3.1}$$

　レルー関数はシンプルですが，それでも非線形変換になっています。ネットワークで多くの層を重ねることによって，結果的に複雑な関数を折れ線で近似するこ

---

5)　ReLU 関数はランプ関数とも呼ばれています。何が正しい呼称なのかはまだ定まっていません。

とができます。折れ線で曲線がどのように近似できるかは図 3.3 を見直してください。

後の 3.4 節で説明するようにパラメータ探索のために微分が必要になりますが，(3.1) は $x = 0$ で微分が定義されていません。そこで例外処理として $x = 0$ のときの微分を 1（あるいは 0）のどちらかに決めてしまうことが行われています。この処理に数学的な根拠はありませんが，実用上は問題がないようです。レルー関数の微分がちょうどステップ関数になっているので，パラメータを推定するプロセスではステップ関数を使うことがあります。詳しくは 5 章で述べます。

レルー関数の問題点は $f(x)$ の上限が確定していないことにあります。そのため関数値の大小が評価できません。そういう理由でネットワークの最終出力ではレルー関数を使いません。最終出力では現実の社会で解釈できるようにデータを加工します。この点は 6 章であらためてふれます。

■ シグモイド関数

シグモイド (sigmoid) というのは S 字型という意味ですから，具体的な関数を示す名称ではありません。正規分布や t 分布の分布関数も含めて S 字型になる関数はたくさんあります。実はディープラーニングでシグモイド関数と言うときは，通常は次のロジスティック関数をさします。

$$f(x) = \frac{1}{1 + \exp(-x)} \tag{3.2}$$

(3.2) 式をグラフで描けば図 3.10 のようになります。

ロジスティック関数は連続関数ですから，レルー関数と違って X のどの点においてもそこでの微分が求められます。またロジスティック関数の値が常に $0 < f(x) < 1$ に収まるのも良い性質です。そのためロジスティック関数の値は

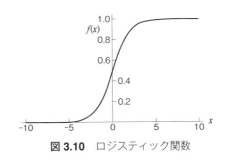

図 3.10 ロジスティック関数

ユニットからの出力確率を意味すると解釈できます。

古典的なパーセプトロンは関数の値が 1 か 0 の離散的なモデルでしたがディープラーニングは大部分が連続的に動くモデルです。量的な予測を行うディープラーニングにはロジスティック関数が使われます。

■ ソフトマックス関数

　複数のブランドのどれが選ばれるかを予測するときや，顧客をいくつかのセグメントに分類するときに用いられるのがソフトマックス関数 (softmax function)です。カテゴリーに対象を分類するタスクを判別とか識別と呼んでいます。選択されるカテゴリー番号を j で表すことにして，選択肢が 3 つの場合についてソフトマックスの活性化関数を書くと (3.3) のようになります。

$$f(x_j) = \frac{\exp(x_j)}{\exp(x_1) + \exp(x_2) + \exp(x_3)}, \qquad (j = 1, 2, 3) \qquad (3.3)$$

　(3.3) は何らかの数量 x を指数化した上で全選択肢に占める構成比を表すと理解できます。選択肢がもっと増えても (3.3) の分母が増えるだけで，「指数化構成比」という意味は変わりません[6]。さて (3.3) で変換した関数値ですが，$f(x_j) > 0$ であり，全選択肢についての (3.3) の合計は 1 になります。したがって (3.3) の関数値は選択肢 j の選択確率であると解釈できます。

　顧客の好きなブランドや通販で購買するアイテムを予測する，などはビジネスにとって重要な課題です。ですから質的な選択肢を予測するディープラーニングは，量的な予測を行うディープラーニングよりも多く利用されています。

　なお (3.3) 式は経済学や行動科学の分野で長年研究されてきた多項ロジットモデルに他なりません。ですから多項ロジットモデルと呼べばよいはずですが，ディープラーニングの関係者はソフトマックス関数という用語をよく使っています。

■ アーグマックス関数

　ディープラーニングには珍しい名前の関数がよく出てきます。最後に質的な識別結果を返すアーグマックス (argmax) 関数を紹介します。

　{ ローソン，ファミリーマート，セブンイレブン } の中のどこに行くか？という予測を行うディープラーニングを考えてください。上で述べた (3.3) を用いれば各コンビニエンスストアの選択確率が出てきます。学習を進める過程では各店の選択確率を計算して予測精度を高めるように努力する必要があります。ところが学習が終わって予測モデルを活用する際には，各店舗についての選択確率を知る必要がないのがふつうです。おそらく買い物に行く店さえ分かれば十分でしょう。

---

6)　選択肢の 2 番目を定数として $x_2 = 0$ と仮定します。選択肢 1 を選ぶか否かを (3.3) に代入すると，$f(x_1) = \frac{\exp(x_1)}{\exp(x_1)+\exp(0)} = \frac{1}{1+\exp(0-x_1)}$ となり (3.2) が導かれます。したがってロジスティック関数は多項ロジットモデルの特殊な場合に相当します。

仮にソフトマックス関数の値が { 0.2 0.5 0.3 } だった場合に，アーグマックス関数は { 0 1 0 } という値を返して最大値がどれだったかを知らせてくれます。この例では，その顧客はファミリーマートに行くだろう，という情報が得られます。

　アーグマックス関数は簡単な機能の関数ですが，素早く結果を出して素早くアクションしなければならないオンラインのビジネスでは重要な働きをします。そのため質的な分類を行うディープラーニングの最終出力によく用いられるのです。

■　一般化線形モデル

　ディープラーニングの計算プロセスでは複数の変数を線形モデルで加重加算し，それを活性化関数で非線形変換します。この一連の手続きは統計学で1970年代から提唱されてきた一般化線形モデル（Generalized Linear Model, 略してGLM）という理論枠組みそのものです[7]。GLMは個別的な分析名称ではなく，統一的な理論をさしたものです。本節で紹介したシグモイド関数とソフトマックス関数もGLMに含まれます。GLMは理論的な意義は高いのですが，ディープラーニングの実際的な運用を左右するものではないので詳細な解説には立ち入らないことにします。ただ，「線形モデル＋非線形変換」という組み合わせさえも統計学で早くから研究されていた，ということを指摘したかっただけです。

3.4 │ 非線形最適化

■　谷底を探す

　3.1節では，モデルによる予測値と実際のデータのズレが小さくなるようにパラメータを調整するのがモデルの当てはめだと述べました。そのようなズレの大きさを表した関数を「損失関数」といいます。損失関数を最小にできるようなパラメータが推定できれば望ましいのです。

　変数の最適値を探索する一般的な方法として非線形最適化があります。ではディープラーニングでは何を変数にするのかというと，それはユニットをつなぐリンクのウェイトです。図3.11で表示した W_1 と W_2 がそのウェイト値を表す変数だとしましょう。一方ディープラーニングの損失関数 L は図3.11の縦座標で

---

7) GLM を提唱したのは次の論文です。Nelder, J.A. and Wedderburn, R.W.M. (1972) *Generalized linear models*, *Journal of the Royal Statistical Society*, Series A, Vol.**135**, Part 3, 1972, pp.370-384.

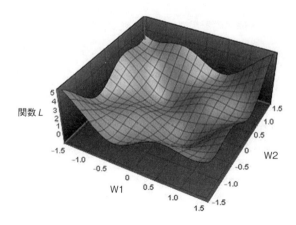

図 3.11　多変数関数の最小値

表しました。この損失関数が全体としてどういう形状をしているのかは，分析者には見当がつかないとします。

　ウェイトをたとえば $w_1 = -0.5,\, w_2 = 1.0$ などと定めれば，その組み合わせに対応した損失関数が計算できます。つまり図 3.11 で底面の 1 点を決めて垂線をあげれば，曲面と一か所で交わる。それが損失関数の値だという意味です。

　さてあらためて非線形の最適化が何を狙っているのかを説明しましょう。図 3.11 の縦座標は損失関数ですから小さいほど望ましいのです。一方で曲面の下にある底面はウェイトが取りうる解空間です。この平面のある点 (w_1^*, w_2^*) の位置で損失関数の高さを測れば，そこで曲面が一番低くなっている，そういうウェイトの組み合わせを探すことが非線形最適化の狙いです。

　はじめに言ったように損失関数の全体像は分かっていません。ですから，そもそも損失関数に唯一の最小値など存在しないかもしれません。また，存在したとしてもそれを正確に知る手立てが分かりません。非線形最適化は，このように困った問題を扱っているのです。

■　最急降下法の実際

　分析者にできることは，指定した位置 (w_1, w_2) における曲面の高さ $L = f(w_1, w_2)$ を測ることだけです。損失関数を数式で表しておけば関数の値は計算できます。しかし図 3.11 のように起伏に富んだ地形を鳥瞰して最小値はズバリここだ，と決めつける手立ては持っていません。

そこで損失関数を最適化するための戦略ですが，解空間の任意の点を選び，山の斜面が下っていく方向に次の候補点を探します。この作業を反復すれば，そのうち損失関数の値が小さい地点にたどり着くかもしれない，というのが非線形最適化のアイデアなのです。反復のことをイテレーションと呼びます。

次の候補点の選び方には多くの戦術がありますが，中でも単純なのが最急降下法です。テキストによっては勾配降下法とか勾配法などと書いています。

図 3.11 を眺めますと勾配とは曲面の傾きを意味するので，微分の値が大きければ，その地点は急勾配であることが分かります。それなら山登りと反対方向に進めば山を大きく下れるはずです。そこで微分にマイナスをつけた方向にウェイトを修正することにします。スキーで山を滑り降りることを考えても上級者ほど急斜面を選んで短時間で山を下ることができます。それと同じ理屈です。

■ 非線形最適化の計算例

ごく簡単な多変数関数について最急降下法を例示しましょう。損失関数が (3.4) だったとします。

$$L = w_1^2 + \frac{1}{2}w_2^2 \tag{3.4}$$

図 3.12 にこの L が一定の値をとる等高線を描きました。先に正解を言ってしまうと，関数 L は解空間の原点 $(0,0)$ で最小値の 0 をとります。ですから，この空間の任意の点から出発して原点にたどりつければよいことになります。(3.4) を偏微分すると (3.5) が得られます。

$$\boldsymbol{g} = \frac{\partial L}{\partial \boldsymbol{w}} = \begin{bmatrix} 2w_1 \\ w_2 \end{bmatrix} \tag{3.5}$$

(3.5) を勾配ベクトル (gradient vector) と呼びます。そこで $\boldsymbol{g}$ のマイナス方向に 2 変数のベクトル $\boldsymbol{w}$ を修正することにします。ステップの t 期から $t+1$ 期に進む修正式は (3.6) の通りです。ここで α（正の小さい値）は移動するステップ幅です。ディープラーニングではステップ幅にしばしば η を使いますが，本書では読みやすいように α で表記します。

$$\boldsymbol{w}_{t+1} = \boldsymbol{w}_t - \alpha\boldsymbol{g} \tag{3.6}$$

図 3.12 を見てください。t 期に $\boldsymbol{w}_t = \begin{bmatrix} 2 \\ 2 \end{bmatrix}$ にいた場合，その地点での勾配は

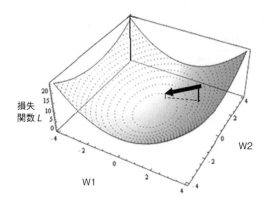

図 3.12 最急降下法の説明図

(3.5) から $\boldsymbol{g} = \begin{bmatrix} 4 \\ 2 \end{bmatrix}$ になります。そこで $\alpha = 0.5$ とすると $t+1$ 期の移動先は

$$\boldsymbol{w}_{t+1} = \begin{bmatrix} 2 \\ 2 \end{bmatrix} - 0.5 \begin{bmatrix} 4 \\ 2 \end{bmatrix} = \begin{bmatrix} 2 \\ 2 \end{bmatrix} - \begin{bmatrix} 2 \\ 1 \end{bmatrix} = \begin{bmatrix} 0 \\ 1 \end{bmatrix} \tag{3.7}$$

となり，W_1 軸の座標にそってより大きく移動したことが分かります。(3.7) の $w_1 = 0, w_2 = 1$ を (3.4) に代入すれば損失関数の値は 0.5 になります。

t 期から $t+1$ 期への損失関数の変化は $L_t = 6 \quad \Rightarrow \quad L_{t+1} = 0.5$ なので確かに損失は小さくなりました。図 3.12 で斜面を下っていく様子を矢印で示しました。

(3.4) は単純な関数だったので解析的に解が求まります。始めに偏微分をゼロベクトルとおいて $\boldsymbol{g} = \begin{bmatrix} 2w_1 \\ w_2 \end{bmatrix} = \begin{bmatrix} 0 \\ 0 \end{bmatrix}$ から極値が $w_1 = w_2 = 0$ と求まり，その点での L の値がゼロになります。あっという間に正解が出ました。けれども，関数が複雑になると解析的に解を導くのが難しくなるのです。そこでディープラーニングはイテレーションで最適解を探索する方針をとります。

もちろんイテレーションで位置を修正してもそれで最小値にたどりつけるのかは心配です。その心配は正しいのです。たとえば図 3.11 を眺めても，スタート地点によっては，山下りの途中でくぼ地にはまって動けなくなる可能性があります。このような解を局所的最小値（ローカル・ミニマム）と呼んでいます。ローカル・

ミニマムをできるだけ避ける工夫については7章で説明します。

　非線形最適化は元来が手探り的な方法ですから，いろいろ工夫と努力を重ねるのは当たり前だ，と割り切ることが大事だと思います。

コラム：測定尺度とは何か

　データを分析する人は，収集したデータを数値として扱ってよいのかを疑う姿勢が大事です。データの意味を理解するのに必要な枠組みを表3.2に示しました。尺度によって許される演算に応じて判断も変わります。たとえば気温は間隔尺度ですから何%上がったという比はとれません。摂氏を華氏に換えるだけで結論は変ります。令和何年というデータで何倍と比をとるのもたいていは誤りです。同じ年を西暦で言えば比が変わります。

表 3.2 4種類の尺度とその演算

尺度	尺度の要件		該当する変数の例	○可能な判断			データに許される演算	計算してよい統計量
	絶対原点	単位		順序	差	比		
名義尺度	なし	なし	購入ブランド職業，性別，郵便番号，JANコード				なし	頻度最頻値属性相関
順序尺度	なし	なし	債権の格付け，グルメの人気ランキング	○			なし	中央値，パーセンタイル順位相関
間隔尺度	なし	あり	気温，知能指数，偏差値西暦や元号の年度	○	○		和と差	平均分散積率相関
比率尺度	あり	あり	年齢購入回数売上金額	○	○	○	加減乗除	幾何平均変動係数

　ディープラーニングでは入力データを線形モデルの説明変数に用います。したがって機械内で入力データにウェイトを掛ける処理が行われます。名義尺度と順序

尺度のデータにウェイトを掛けることは無意味な処理です。たとえば 1. 男，2. 女として女を 1.7 倍して 3.4 になったとして，この 3.4 に何の意味があるのでしょうか？　また順序尺度をダミー変数で書き換える場合は元々持っていた順序情報が失われます。たとえば企業の信用格付けで AAA から C まで 9 段階あったとして，それらの順序情報を無視してよいか？という問題です。データサイエンティストは，無頓着にコンピュータを走らせるのではなく，計算を始める前に入力データがどの尺度に該当するかを吟味する姿勢が大切だと思います。入力データの標準化の話は 7 章でします。

## 第 4 章

量的な予測を行うディープラーニング

本章では量的な教師信号を量的に予測するディープラーニングを解説します。今日のディープラーニングはパラメータの推定法として誤差逆伝播法 (back-propagation) を採用しています [1]。では誤差逆伝播法はふつうの最適化法とどこが違うのでしょうか？　本章では手計算を通じてこの疑問を明らかにします。ディープラーニングの一番の勘所をブラックボックスにしないための解体新書です。

4.1 | 分析データとモデル

■ 分析データ

本章で扱うディープラーニングは，複数の量的な基準変数を同時に学習するモデルです。ですから分析したいデータの構造は多変量回帰分析という多変量解析と同じです [2]。基準変数と説明変数はそれぞれ複数あって構いません。そして基準変数の数は説明変数より多くても構いません。表 4.1 はスポーツジムの顧客データを想定した数値例です。

■ ネットワークモデルの記述

表 4.1 にそった 3 層ニューラルネットワークを図 4.1 に示します。層ではなくレイヤーと呼ぶ流儀もありますが，本書では層と呼ぶことにします。層を数えるとき入力層を除く人もいます。その場合は図 4.1 は 2 層のネットワークです。

ユニットの変数名には入力層 ⇒ 隠れ層 ⇒ 出力層の順に X⇒Z ⇒Y と名付けました。基準変数である教師信号には教師やターゲットが連想できるように t の文

---

1) 誤差逆伝播法の提唱は Rumelhart, D.E., Hinton, G.E. and Williams, R.J. (1986) Learning representations by back-propagating errors, *Nature*, 323(9), 533-536. です。

2) 多変量回帰分析は 2.2 節で紹介した重回帰分析とは異なります。1 つだった基準変数を複数に拡張した回帰モデルです。

表 4.1　分析データの数値例

顧客	説明変数 X		基準変数 T	
	会員年数	利用度	効果	継続意向
1	9	3	0.7	0.8
2	6	3	0.3	0.9
3	3	0	0.0	0.8
4	3	1	0.4	0.7
5	1	1	0.6	0.6
6	5	4	0.4	0.4
7	2	5	0.3	0.3
8	1	0	0.5	0.8
9	1	8	0.4	0.7
10	2	2	0.3	0.0

表 4.2　例題のユニット数

	層の番号 j	ユニットの番号	図 4.1 のユニット数
出力層 Y	3	$m = 1, 2, \cdots, M$	2
隠れ層 Z	2	$l = 1, 2, \ldots, L$	3
入力層 X	1	$k = 1, 2, \cdots, K$	2

字を使いました。

　スポーツジムの顧客の連番は多変量解析の慣例にそって $i = 1, 2, \cdots, N$ とします。表 4.1 では $N = 10$ でした。層の番号は入力層から順に $j = 1, 2, \cdots, J$ と名付けました。ユニット番号はそのユニットがどの層に属するかが分かるように表 4.2 のように k, l, m で区別しました。k, l, m の添字を使うのは 4.2 節の前半までで，後半以降はこの添字をやめます。添字の意味を暗記する労力が読者にとって煩わしいからです。

　入力層から出力層に向かって情報が伝わっていく過程をフォワード（順伝播）のプロセス，その反対の過程をバックワード（逆伝播）のプロセスと呼びます。ディープラーニングはこの両プロセスを交互に反復しながら学習を進めていくモデルです。

■　**定数とは何か**

　図 4.1 には中に 1 と書かれた矩形が 2 箇所あります。ニューラルモデルですか

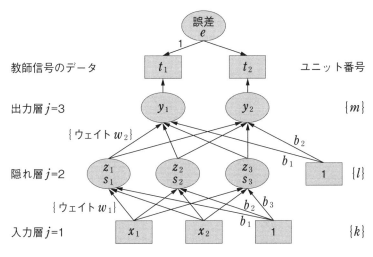

図 4.1　ニューラルネットワークの例

　らパーセプトロンの用語に従えば負の閾値に対応します[3]。この項をバイアスと呼ぶテキストが多いのですが，バイアスと呼ぶ理屈が分かりづらいと思います。誤差逆伝播法を提唱したラメルハート自身もバイアスとは呼んでいませんので，本章では回帰モデルに準じて単純に定数と呼ぶことにしました。定数は各ユニットの閾値と関係するのだから 1 に固定するのは間違いではないか，と疑った読者がいると思います。この定数から各ユニットにつながるリンクにはそれぞれ任意の実数 b がウェイトとして掛けられます。つまり $b \times 1 = b$ ということで，推定値は任意の実数をとり得るので安心してください。図 4.1 の b がプラスで大きい値をとった場合は，説明変数の値にかかわらず活性化関数が発火しやすくなります。逆にマイナスの値をとった場合は，ユニットの発火を抑制する効果があります。プラスの場合はアクセル，マイナスならブレーキと考えれば定数の解釈が簡単になるでしょう。

---

3)　wX が閾値 θ を超えたら発火するモデルは $wX > \theta \Rightarrow wX - \theta > 0$ という正負で判定する関数に書き換えられます。左辺を $s = wX + b$ とおいたのが本節のモデルです。$b = -\theta$ ですから定数 b は負の閾値を意味します。

■　**フォワードのプロセス**

【説明変数】

　ニューラルネットワークに入力されるデータは，図 4.1 の場合はデータが 2 つ入った $x' = (\ x_1\quad x_2\ )$ というベクトルです。ベクトルは原則的に列ベクトルですがプライムをつけることで行ベクトルで表示できます。x の添字は説明変数の番号を表しています。x は観測データですから未知数ではありません。x が N 人分あるので，全体で $2 \times N$ 個の説明変数データが入力されます。

【隠れ層に送られるデータ】

　第 1 層のデータを加重加算してから隠れ層に入力されるベクトルが $s = (\ s_1\quad s_2\quad s_3\ )'$ です。s の字は summation を略したものです。

　第 1 層の入力データに掛けられるウェイト行列を W_1 という名前で表せば，その要素は $w_1(l, k)$ で表されます。(　) 内の添字は左から順に，隠れ層のユニット番号，入力層のユニット番号，を示します。また b_1 は定数項のベクトルで，定数は隠れ層のユニット数だけ必要なので $b_1(l)$ と書きます。s は (4.1) の線形モデルで表せます。これは重回帰分析の予測モデルとまったく同じ形の線形予測子です。(4.1) の添字を見ると第 1 層から第 2 層へ，情報が右辺から左辺へと伝播していく様子が感じとれるでしょう。

$$W_1 = \begin{bmatrix} w_{11} & w_{12} \\ w_{21} & w_{22} \\ w_{31} & w_{32} \end{bmatrix}, \quad x = \begin{bmatrix} x_1 \\ x_2 \end{bmatrix} \quad b_1 = \begin{bmatrix} b_1 \\ b_2 \\ b_3 \end{bmatrix} \quad (4.1)$$

$$s = W_1 x + b_1$$

■　**隠れ層（第 2 層）内での変換**

　ユニットに入力された s の値をそれぞれロジスティック変換します。3.3 節で述べた活性化関数です。

$$z = \frac{1}{1 + \exp(-s)} \quad (4.2)$$

　ベクトル $z = (\ z_1\quad z_2\quad z_3\ )'$ の次数は隠れ層のユニット数なので，図 4.1 の例では 3 です。

■　**隠れ層から出力層への加重加算**

　ここでも線形モデルを用います。W_2 は 2 行 3 列のサイズになります。2 というのは教師（ターゲット）の数をさしています。多変量解析でいえば基準変数の

数です。

$$W_2 = \begin{bmatrix} w_{11} & w_{12} & w_{13} \\ w_{21} & w_{22} & w_{23} \end{bmatrix}, \qquad b_2 = \begin{bmatrix} b_1 \\ b_2 \end{bmatrix}, \qquad y = W_2 z + b_2 \qquad (4.3)$$

■ 出力層では変換しない

ニューラルネットワークのモデルによっては (4.3) をさらに変換するのですが，実数値を予測する本モデルでは (4.3) がそのまま予測値になります。ですからフォワードの計算は (4.3) で終わりです。

■ 教師データ

$$t = (t_1 \ t_2)' \quad \text{これは観測データとして与えられます。}$$

■ 損失関数

$$sse_i = \frac{1}{2}(y_i - t_i)'(y_i - t_i), \qquad i = 1, 2, \cdots, N$$
$$esum = \sum_{i=1}^{N} sse_i \qquad (4.4)$$

(4.4) の 1 行目はスポーツジムの顧客の個人別損失関数です。右辺でベクトルの内積をとっていますので結果はスカラーです。2 行目はそれを顧客全体で合算した結果です。

ここで *sse* という名称をつけたのは，誤差そのものではなく誤差の二乗和 (sum of squares) であることを強調したかったからです。内積の $(y_i - t_i)'(y_i - t_i)$ は誤差の二乗和を示します。その前に出てくる 1/2 は後で出てくる偏微分を見やすくするための技巧であって，それ以上の深い意味はありません。

すると本章におけるディープラーニングの課題は，x と t が観測値として与えられたときに *esum* が最小になるように未知のパラメータ W_1, W_2, b_1, b_2 を推定することだといえます。例題で推定したいパラメータの個数は (4.1) と (4.3) から $9 + 8 = 17$ 個です。

4.2 | 誤差逆伝播法

入力から出力に至るフォワードの計算過程は行列とベクトルの掛け算がほとんどなので，もしパラメータが分かっているなら計算は簡単です。計算のスタート

時にはパラメータは未知ですが，適当な初期値を与えてスタートすれば，フォワードのプロセスは難なく実行できます。

　面倒なのは出力側から入力側へと戻っていくバックワードのプロセスです。正確にいえば $esum$ を戻すのではなく，$esum$ の偏微分を出力側から順次計算していくのがバックワードのプロセスです。なぜ偏微分が必要なのかは 3.4 節の最急降下法でお話ししました。そのためにラメルハートらが提案したのが誤差逆伝播法でした。これはディープラーニングのキモというべき方法ですので，計算の詳細を丁寧に説明しましょう。ただし丁寧に書くほど記述が煩雑になりますので，次第にシンプルな記述にステップアップしていきたいと思います。

　　ステップ 1：個々の要素の単位で偏微分を示す。

　　ステップ 2：ユニットとデータを一般化して行列で示す。

　　ステップ 3：さらに行列をコンパクトに集約する。

■　ステップ 1：要素ごとの誤差逆伝播法

　図 4.1 のネットワークにそって記述します。誤差は出力層で評価されるのですから，出力の方から入力側に向けて逆順に偏微分を導いていきます。

【ウェイト W_2 と b_2】

　ウェイト w_{ml} の 1 番目の添字 (m) は出力層のユニット番号，2 番目の添字 (l) は 1 つ下の隠れ層のユニット番号を示しています。微分の連鎖律を使うと (4.5) になります。

$$\frac{\partial sse_i}{\partial w_{ml}} = \frac{\partial sse_i}{\partial y_m} \frac{\partial y_m}{\partial w_{ml}} \tag{4.5}$$

　本来なら誤差 sse_i を直接ウェイト w_{ml} で偏微分できれば良いのですが，両者はダイレクトに結びついていません。なぜなら w_{ml} が決まることで y が定まり，その y から誤差 sse_i が定まる，という逐次玉突きの関係にあるからです。つまりウェイト w_{ml} から出発して誤差 sse_i に至るまでに 2 段階の架橋が必要です。なお (4.5) のパラメータ w_{ml} は i にかかわらず一定ですが，y の値は i によって変わります。煩わしいので y の添字の i を省いて書きますが，いずれは $i = 1, 2, \cdots, N$ について sse_i の和をとります。(4.5) 右辺の偏微分は

$$\frac{\partial sse_i}{\partial y_m} = \frac{1}{2} \cdot 2(y_m - t_m)\frac{\partial}{\partial y_m}(y_m - t_m) = (y_m - t_m)$$

$$\frac{\partial y_m}{\partial w_{ml}} = z_l$$

2つの偏微分を掛けることによって (4.6) が得られます。

$$\frac{\partial sse_i}{\partial w_{ml}} = (y_m - t_m)z_l \tag{4.6}$$

(4.6) は要素 (m, l) についての偏微分でしたが，それをベクトルで書けばより一般化できます。$\boldsymbol{W}_2$ は M 行 L 列のパラメータ行列です。sse_i を $\boldsymbol{W}_2$ で偏微分した結果は (4.6)′ 右辺で表されます。具体的には $M \times 1$ の列ベクトルと $1 \times L$ の行ベクトルの積ですから，結果は M 行 L 列の偏微分行列になります。最適化計算では偏微分行列のことを勾配行列と呼びます。くどいですが (4.6)′ は $i = 1, 2, \cdots, N$ の中の特定の i についての結果です。

$$\frac{\partial sse_i}{\partial \boldsymbol{W}_2} = \underset{M \times 1}{(\boldsymbol{y}_i - \boldsymbol{t}_i)} \; \underset{1 \times L}{\boldsymbol{z}_i'} \tag{4.6}'$$

次に定数項による偏微分は変数 b_m を同じ b_m で偏微分しても 1 なので (4.6) の最後の z が 1 に変わります。これも (4.7)′ のように M 次のベクトルで表した方がスッキリします。

$$\frac{\partial sse_i}{\partial b_m} = \frac{\partial sse_i}{\partial y_m}\frac{\partial y_m}{\partial b_m} = (y_m - t_m) \cdot 1 \tag{4.7}$$

$$\frac{\partial sse_i}{\partial \boldsymbol{b}_2} = \underset{M \times 1}{(\boldsymbol{y}_i - \boldsymbol{t}_i)} \cdot 1 \tag{4.7}'$$

(4.6)′ と (4.7)′ で M 個の出力ユニットの偏微分を一度に書いたことになります。

【ウェイト $\boldsymbol{W}_1$ と $\boldsymbol{b}_1$】

次に入力層と隠れ層の間のウェイト $\boldsymbol{W}_1 = (w_{lk})$ に関する sse_i の偏微分を求めましょう。長い道のりですが sse_i から w_{lk} までの偏微分を丹念に書き下します。

$$\frac{\partial sse_i}{\partial w_{lk}} = \frac{\partial sse_i}{\partial y_m}\frac{\partial y_m}{\partial z_l}\frac{dz_l}{ds_l}\frac{\partial s_l}{\partial w_{lk}}$$

知りたいことは (l, k) の組み合わせでの偏微分なのですが，右辺の式を詳細を見ると途中で (l, k) と関係ない m という添字が入ってきます。異なる m の数だけ偏微分のチェーンが存在することになります。これは図 4.1 で分かるように，最上部から出発した誤差の偏微分が y_1, y_2 という 2 つのユニットに場合別れして z の層まで降りてくることに対応しています。丁寧に場合分けを書けば，$\dfrac{\partial sse_i}{\partial y_1}\dfrac{\partial y_1}{\partial z_l}\dfrac{dz_l}{ds_l}\dfrac{\partial s_l}{\partial w_{lk}}$ と $\dfrac{\partial sse_i}{\partial y_2}\dfrac{\partial y_2}{\partial z_l}\dfrac{dz_l}{ds_l}\dfrac{\partial s_l}{\partial w_{lk}}$ の 2 つのチェーンの合計が偏微分の大きさを示すので，結局は

$$\frac{\partial sse_i}{\partial w_{lk}} = \frac{\partial sse_i}{\partial y_1}\frac{\partial y_1}{\partial z_l}\frac{dz_l}{ds_l}\frac{\partial s_l}{\partial w_{lk}} + \frac{\partial sse_i}{\partial y_2}\frac{\partial y_2}{\partial z_l}\frac{dz_l}{ds_l}\frac{\partial s_l}{\partial w_{lk}}$$

が求める偏微分の値になります。

　出力層のユニット数は 2 つとは限らず，一般的には $m = 1, 2, \cdots, M$ と変化しますので一般論としてウェイト W_1 に関する偏微分は (4.8) のように記述できます。偏微分の式の中に Σ という総和記号が入ってくるのはこういう理由なのです。m に関して和をとった後は添字の m は無用になる，と解釈できます [4]。

$$\frac{\partial sse_i}{\partial w_{lk}} = \left[\sum_{m=1}^{M} \frac{\partial sse_i}{\partial y_m}\frac{\partial y_m}{\partial z_l} \right] \frac{dz_l}{ds_l}\frac{\partial s_l}{\partial w_{lk}} \tag{4.8}$$

　(4.8) の右辺の最初の偏微分は (4.6) の導出過程から $\dfrac{\partial sse_i}{\partial y_m} = y_m - t_m$ であることが分かっています。次の $\dfrac{\partial y_m}{\partial z_l}$ という偏微分ですが，それは (4.3) を見れば

$$y_m = \begin{pmatrix} w_{m1} & w_{m2} & w_{m3} \end{pmatrix} \begin{pmatrix} z_1 \\ z_2 \\ z_3 \end{pmatrix} + b_m$$

で，そのうち特定の z_l に関する偏微分なので

$$\frac{\partial y_m}{\partial z_l} = w_{ml}$$

になります。3 番目に $\dfrac{dz_l}{ds_l}$ という微分が出てきます。z は次式の通り単一の変数 s の関数ですから，偏微分ではなくふつうの微分の記号 d で書きました。

$$z = \frac{1}{1 + \exp(-s)} \tag{4.2（再）}$$

この微分は $\dfrac{dz_l}{ds_l} = z_l(1 - z_l)$ になりますが，その導出過程は長くなるので囲みに書きました。

---

[4]　クロス集計でいえば性別を足し合わせてしまえば性別を無視した全体の集計になります。同時確率分布の周辺化という総和処理と同じ考え方です。

ロジスティック関数の偏微分の詳細

$$\frac{dz_l}{ds_l} = -\frac{\frac{d}{ds}\{1+\exp(-s_l)\}}{\{1+\exp(-s_l)\}^2} = \frac{(-1)(-1)\exp(-s_l)}{\{1+\exp(-s_l)\}^2} = z_l^2\left(\frac{1}{z_l}-1\right)$$

$$= z_l(1-z_l)$$

ここでは $\frac{d}{dx}\left\{\frac{1}{f(x)}\right\} = -\frac{\frac{d}{dx}f(x)}{\{f(x)\}^2}$ という逆数の微分の公式，および (4.2)

を変形した $\exp(-s) = \frac{1}{z} - 1$ という関係式を用いました。(4.2) の二乗は

$z_l^2 = \frac{1}{\{1+\exp(-s_l)\}^2}$ です。

(4.8) の 4 番目の偏微分は $\dfrac{\partial s_l}{\partial w_{lk}} = \dfrac{\partial}{\partial w_{lk}}(w_{lk}x_k + b_l) = x_k$ となります。これ
で (4.8) の偏微分の結果は次のようにまとめられます。

$$\frac{\partial sse_i}{\partial w_{lk}} = \left[\sum_{m=1}^{M}(y_m - t_m)w_{ml}\right]z_l(1-z_l)x_k \tag{4.8$'$}$$

次に定数項 b_l の偏微分は，

$$\frac{\partial sse_i}{\partial b_l} = \left[\sum_{m=1}^{M}\frac{\partial sse_i}{\partial y_m}\frac{\partial y_m}{\partial z_l}\right]\frac{dz_l}{ds_l}\frac{\partial s_l}{\partial b_l}$$

$$= \left[\sum_{m=1}^{M}(y_m - t_m)w_{ml}\right]z_l(1-z_l)\cdot 1 \tag{4.9}$$

(4.8)$'$ と (4.9) では偏微分を要素で示したのですが，次にデータ i を明記してベ
クトルで表現しておきましょう。

(4.8)$'$ と (4.9) で共通する括弧の項 $\left[\displaystyle\sum_{m=1}^{M}(y_m - t_m)w_{ml}\right]$ には総和記号 Σ があ

りますが，次のように行列とベクトルの積をとることで Σ が消えて L 次のベクト
ルに整理されます。

$$\underset{L\times M}{\boldsymbol{W}_2'}\underset{M\times 1}{(\boldsymbol{y}_i - \boldsymbol{t}_i)}$$

その後の z に関する 2 つの項は L 次の列ベクトルになりますので，合わせて L 次
の列ベクトルが 3 つ作られたことになります。計算の中味は内積計算ではなく，

同じ次数のベクトルの対応する要素の積をとることを意味します．この積が 2.2 節で述べたアダマール積 $\odot$ です．

したがって $\left[\underset{L\times M}{\boldsymbol{W}_2'}\,\underset{M\times 1}{(\boldsymbol{y}_i-\boldsymbol{t}_i)}\right]\odot\boldsymbol{z}_i\odot(\boldsymbol{1}_L-\boldsymbol{z}_i)$ であって，全体として L 次の列ベクトルが得られます．最後に K 次のベクトル $\boldsymbol{x}_i$ を行ベクトルに転置して掛けることで (4.10) が得られます．(4.11) では定数項の入力に対応してスカラーの 1 が最後に入ります．図 4.1 で示したように，定数項の入力データは 1 だとしています．(4.10) は $L\times K$ の行列で，(4.11) は L 次のベクトルです．

$$\underset{L\times K}{\frac{\partial sse_i}{\partial\boldsymbol{W}_1}}=\left[\underset{L\times M}{\boldsymbol{W}_2'}\,\underset{M\times 1}{(\boldsymbol{y}_i-\boldsymbol{t}_i)}\right]\odot\boldsymbol{z}_i\odot(\boldsymbol{1}_L-\boldsymbol{z}_i)\cdot\underset{1\times K}{\boldsymbol{x}_i'} \tag{4.10}$$

$$\underset{L\times 1}{\frac{\partial sse_i}{\partial\boldsymbol{b}_1}}=\left[\underset{L\times M}{\boldsymbol{W}_2'}\,\underset{M\times 1}{(\boldsymbol{y}_i-\boldsymbol{t}_i)}\right]\odot\boldsymbol{z}_i\odot(\boldsymbol{1}_L-\boldsymbol{z}_i)\cdot 1 \tag{4.11}$$

ここまで準備しておくと，次のステップ 2 が簡単になります．

さて (4.10) と (4.11) 内の $\boldsymbol{W}_2=(w_{ml})$ ですが，初回の計算時には初期値を与えればよいし，その後の反復計算では更新値を利用すればよいのです．ということは，(4.10) と (4.11) の計算の大部分は計算が済んでいて，掛け算を部分的に追加するだけで必要な偏微分が求まってしまいます．

通常の最急降下法の場合は全てのパラメータについて個別に偏微分を求めるので大量の計算が必要になります．ディープラーニングではネットワークの出力側で計算済みの結果を再利用しながら次々と下層の偏微分を求めるのです．計算が速く済むというのがラメルハートらの提案の最大の貢献でした．

■　ステップ 2：誤差逆伝播法を行列で表す

以上では 1 人のユーザーのデータについて sse_i の偏微分を求めたのですが，私たちに関心があるのは N 人の sse_i を足し合わせた $esum$ です．

そこで行列を使って，ステップ 1 と同じ処理を再表現しましょう．まず図 4.1 でウェイト $\boldsymbol{W}_2$ をみるとユニット間に 2×3 で 6 本のリンクがあるので，それぞれのウェイトを変数として損失関数の偏微分を求めたいのです．

必要な偏微分を次の 2×3 の行列でまとめて書くことができます．行列で表記することによって煩わしい添字の k,l,m が消えたことに注意してください．行列の下に $M\times N$　$N\times L$ という文字が入っていますが，これらは行列が何行何列

かを念のために付記しているだけですので，サイズさえ分かっているなら省いて構わない注記です。ですから (4.12) 右辺からは本当に添字が消えているのです。

$$\frac{\partial esum}{\partial \boldsymbol{W}_2} = \left(\underset{M \times N}{\boldsymbol{Y} - \boldsymbol{T}}\right) \underset{N \times L}{\boldsymbol{Z}'} \tag{4.12}$$

表 4.1 の具体例にそって行列のサイズを確認しますと $\boldsymbol{Y}$ も $\boldsymbol{T}$ も 2 行 10 列の行列でした。次の $\boldsymbol{Z}$ は 3 行 10 列の行列でしたが，それを転置したので 10 行 3 列の行列になります。すると 2.2 節で述べたように，行列の掛け算が成り立って 2×3 の行列が得られます。これが $esum$ の $\boldsymbol{W}_2$ による勾配行列です[5]。(4.6)$'$ と (4.12) を見比べると顧客 i について書いたベクトルを顧客全体の行列に書き換えただけです。簡単ですね。

定数項に関しても (4.7)$'$ を N 人の顧客について求めて，それらの和を求めます。偏微分の合計は sse_i の合計 $esum$ を求めることに対応しています。N 人分の和を求めるには行列 $(\boldsymbol{Y} - \boldsymbol{T})$ の行和を求めればよいのです。そのためには，行列の右からベクトル $\boldsymbol{1}_N$ を掛ければその行和が計算できます[6]。

$$\frac{\partial esum}{\partial \boldsymbol{b}_2} = \left(\underset{M \times N}{\boldsymbol{Y} - \boldsymbol{T}}\right) \underset{N \times 1}{\boldsymbol{1}_N} \tag{4.13}$$

(4.12) と (4.13) によって図 4.1 の隠れ層から出力層への 8 つの偏微分が行列とベクトルの積で表現できました。

誤差逆伝播法で何度も出てくる $\dfrac{\partial esum}{\partial \boldsymbol{Y}}$ の結果は次式になります。

$$\frac{\partial esum}{\partial \boldsymbol{Y}} = (\boldsymbol{Y} - \boldsymbol{T}) \tag{4.14}$$

次に入力層から隠れ層への 6 つのウェイト $\boldsymbol{W}_1$ については，(4.10) を顧客全体に拡張します。(4.15) のように偏微分を表すことができます。

$$\frac{\partial esum}{\partial \boldsymbol{W}_1} = [\boldsymbol{W}_2'(\boldsymbol{Y} - \boldsymbol{T}) \odot \boldsymbol{Z} \odot (\boldsymbol{1}_L \boldsymbol{1}_N' - \boldsymbol{Z})] \boldsymbol{X}' \tag{4.15}$$

(4.15) 右辺に出てくる $\boldsymbol{1}_L \boldsymbol{1}_N'$ は，ベクトルを掛け算することで要素がすべて 1 の L 行 N 列の行列が作られます。

---

5)　パラメータ更新には勾配ベクトル (gradient vector) がよく利用されますが，本節では行列のままパラメータを更新します。

6)　たとえば行列 $\begin{bmatrix} 1 & 2 & 3 \\ 1 & 0 & -1 \end{bmatrix}$ の行和は $\begin{bmatrix} 1 & 2 & 3 \\ 1 & 0 & -1 \end{bmatrix} \begin{bmatrix} 1 \\ 1 \\ 1 \end{bmatrix} = \begin{bmatrix} 6 \\ 0 \end{bmatrix}$ です。

　表 4.1 の例では (4.14) は 2×10 の行列になります。すると $\boldsymbol{W}_2'(\boldsymbol{Y} - \boldsymbol{T})$ は 3×2 の行列と 2×10 の行列の積なので，積は 3×10 の行列になります。

　(4.15) 式の $\odot$ はアダマール積の記号です。アダマール積をとる 3 つの行列はいずれも 3×10 の行列なので，(4.15) の大きな [ ] 内は同じ次数の 3 つの行列のアダマール積になります。それに最後に $\boldsymbol{X}$ を転置した 10×2 の行列と掛けます。すると全体として積は 3 行 2 列の行列となります。この行列の各要素が図 4.1 の入力層から隠れ層のユニットを結ぶリンクの偏微分を表しています。

　最後に定数項に関する偏微分を (4.16) に示しました。定数項の決定には入力データ $\boldsymbol{X}$ は寄与しないので，(4.16) に $\boldsymbol{X}$ が出てこないのは当然です。

$$\frac{\partial esum}{\partial \boldsymbol{b}_1} = [\boldsymbol{W}_2'(\boldsymbol{Y} - \boldsymbol{T}) \odot \boldsymbol{Z} \odot (\boldsymbol{1}_L \boldsymbol{1}_N' - \boldsymbol{Z})] \boldsymbol{1}_N \tag{4.16}$$

　式 (4.16) は，〔 〕の行列の行和を意味します。これで定数項と隠れ層の 3 つのユニットをつなぐリンクの勾配ベクトルが求められました。

■　ステップ 3：もっとコンパクトにする

　ステップ 2 では合計 4 つの式が導かれましたが，まだ煩わしいと思います。そこでパラメータ W の中に定数 b も加えて，拡大したウェイト行列をあらためて $\boldsymbol{W}_1, \boldsymbol{W}_2$ と書くことにします。ただしバックワードにおいては定数 b のない $\boldsymbol{W}_2$ が必要になりますので，それは $\boldsymbol{W}_2^b$ と書いて区別します。添字の b は backward 段階であること，あるいは定数 b を W から除いた注記だと思ってください。データの $\boldsymbol{X}, \boldsymbol{Z}$ にはそれぞれ ex の添字をつけて，拡張した行列であることを明示しました。

$$\boldsymbol{W}_1 = \begin{bmatrix} w_{11} & w_{12} & b_1 \\ w_{21} & w_{22} & b_2 \\ w_{31} & w_{32} & b_3 \end{bmatrix}, \quad \boldsymbol{W}_2 = \begin{bmatrix} w_{11} & w_{12} & w_{13} & b_1 \\ w_{21} & w_{22} & w_{23} & b_2 \end{bmatrix},$$

$$\boldsymbol{W}_2^b = \begin{bmatrix} w_{11} & w_{12} & w_{13} \\ w_{21} & w_{22} & w_{23} \end{bmatrix}$$

$$\underset{4 \times N}{\boldsymbol{Z}_{ex}} = \begin{bmatrix} z_{11} & \cdots & z_{1N} \\ z_{21} & \cdots & z_{2N} \\ z_{31} & \cdots & z_{3N} \\ 1 & \cdots & 1 \end{bmatrix}$$

表 4.3 拡張した $\boldsymbol{X}_{ex}$ を転置した行列

会員年数	利用度	定数
9	3	1
6	3	1
3	0	1
3	1	1
1	1	1
5	4	1
2	5	1
1	0	1
1	8	1
2	2	1

　これで推定したいパラメータは $\boldsymbol{W}_1$, $\boldsymbol{W}_2$ という 2 つの行列に集約されました。また隠れ層で活性化されたデータは $\boldsymbol{Z}_{ex}$ という 4 行 N 列の行列にまとめられます。一方ニューラルネットワークへの入力データ $\boldsymbol{X}$ には未知数がありませんので，直接データを示すことができます。ただし定数項に対応して 1 を要素とした N 次の行ベクトルを $\boldsymbol{X}$ に追加しています。その $\boldsymbol{X}_{ex}$ を転置した行列を表 4.3 に示します。

　このように再整理すると勾配行列は次のようにまとめられます。

$$\frac{\partial esum}{\partial \boldsymbol{W}_2} = (\boldsymbol{Y} - \boldsymbol{T})\boldsymbol{Z}'_{ex} \tag{4.17}$$

$$\frac{\partial esum}{\partial \boldsymbol{W}_1} = \left[(\boldsymbol{W}_2^b)'(\boldsymbol{Y} - \boldsymbol{T}) \odot \boldsymbol{Z} \odot (\boldsymbol{1}_L \boldsymbol{1}'_N - \boldsymbol{Z}) \right] \boldsymbol{X}'_{ex} \tag{4.18}$$

転置行列 $\boldsymbol{Z}'_{ex}, \boldsymbol{X}'_{ex}$ はどちらも最終行に値が 1 の行ベクトルが入っているところがステップ 2 との違いです。ステップ 3 はずいぶん簡潔になったと思いませんか？

4.3 | 手計算で確かめるディープラーニング

　前節では誤差逆伝播法の計算法を示しました。しかし数式展開を眺めていても，本当にそれでうまくいくのだろうかと疑う人がいるかもしれません。そこで，手計算で誤差逆伝播法を動かしてみたいと思います。フォワードを 1 回，バックワードを 1 回，さらに 1 回フォワードまで実行して損失関数が 1 回目より改善できたら，それで納得ということでよいでしょうか。図 4.2 のループでいえば左から出発して 1 周半して損失関数の様子を見ようということです。分析データには表 4.1

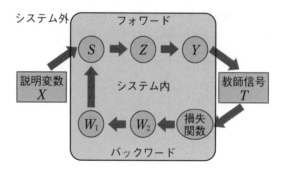

図 4.2　フォワードとバックワードの関係

のデータを用います。

■　プログラムの確認

ステップ 3 に従って，全体のニューラルネットワークを記述します。フォワードステップでは，最初に未知のパラメータに初期値を与える必要があります。本節ではユニット間のウェイトには正規乱数[7]を使い定数項のパラメータには 0 を与えることにしました。また外部データとして表 4.1 を転置した $\underset{2\times N}{\boldsymbol{X}}, \underset{2\times N}{\boldsymbol{T}}$ を入力しました。この先は次のように計算を進めます。

〔フォワードステップ〕

$$\underset{3\times N}{\boldsymbol{X}_{ex}} = \begin{bmatrix} \boldsymbol{X} \\ \boldsymbol{1}'_N \end{bmatrix}, \quad \underset{3\times N}{\boldsymbol{S}} = \underset{3\times 3}{\boldsymbol{W}_1} \underset{3\times N}{\boldsymbol{X}_{ex}} \quad \Rightarrow \quad \underset{3\times N}{\boldsymbol{Z}} = logistic(\boldsymbol{S}) \quad \Rightarrow \quad \underset{4\times N}{\boldsymbol{Z}_{ex}} = \begin{bmatrix} \boldsymbol{Z} \\ \boldsymbol{1}'_N \end{bmatrix}$$

$$\underset{2\times N}{\boldsymbol{Y}} = \underset{2\times 4}{\boldsymbol{W}_2} \underset{4\times N}{\boldsymbol{Z}_{ex}}$$

最後に損失関数を評価します。差の二乗和を行列に一般化したトレースを用います。トレースについては p.27 と p.35 で紹介しました。

$$esum = \frac{1}{2} tr[(\boldsymbol{Y} - \boldsymbol{T})'(\boldsymbol{Y} - \boldsymbol{T})]$$

〔バックワードステップ〕

$$\frac{\partial esum}{\underset{2\times N}{\partial \boldsymbol{Y}}} = (\boldsymbol{Y} - \boldsymbol{T})$$

---

7)　正規乱数というのは正規分布という確率分布にしたがってランダムに出力される数をいいます。ここでは平均 0，分散 1 の標準正規分布を用いました。

$$\underset{2\times 4}{\frac{\partial esum}{\partial \boldsymbol{W}_2}} = \underset{2\times N}{(\boldsymbol{Y} - \boldsymbol{T})}\underset{N\times 4}{\boldsymbol{Z}'_{ex}}$$

$$\underset{3\times 3}{\frac{\partial esum}{\partial \boldsymbol{W}_1}} = \left[\underset{3\times 2}{(\boldsymbol{W}_2^b)'}\underset{2\times N}{(\boldsymbol{Y} - \boldsymbol{T})} \odot \underset{3\times N}{\boldsymbol{Z}} \odot \left(\underset{3\times N}{\boldsymbol{1}_3\boldsymbol{1}'_N} - \boldsymbol{Z} \right) \right] \underset{N\times 3}{\boldsymbol{X}'_{ex}}$$

バックワードステップの第3行に出てくる $\boldsymbol{W}_2^b$ についてくどいですが説明を繰り返します。隠れ層での定数項は入力層へはリンクがつながりません。そこで $\boldsymbol{W}_2$ の最終列を削除して2行3列にトリミングした行列を $\boldsymbol{W}_2^b$ とします。それをさらに転置したので上式では 3×2 の行列になったのです。添字の b は backward 段階を示す注記です。

最後に2つのパラメータ行列を更新します。右辺が更新式で左辺が更新結果です。ステップ幅の α を適宜設定して反復計算を行います。α としては適当に小さい数値を与えるのですが,何なら正解ということは決まっていません。

$$\boldsymbol{W}_2 = \boldsymbol{W}_2 - \alpha \frac{\partial esum}{\partial \boldsymbol{W}_2}, \quad \boldsymbol{W}_1 = \boldsymbol{W}_1 - \alpha \frac{\partial esum}{\partial \boldsymbol{W}_1}$$

〔フォワードステップ〕

更新した $\boldsymbol{W}_2, \boldsymbol{W}_1$ を用いて再びイテレーションの箇所に戻る…という計算を反復します。

さっそく表4.1のデータで確認してみましょう。最もコンパクトな表現のステップ3にそって Python のコードを素直に書きました。ウェイトの初期値の行列は次の通りにしました。

$$\boldsymbol{W}_1 = \begin{bmatrix} 0.603 & 0.107 & 0 \\ 1.811 & -0.307 & 0 \\ -0.165 & -1.108 & 0 \end{bmatrix}, \quad \boldsymbol{W}_2 = \begin{bmatrix} 1.094 & -0.494 & -0.239 & 0 \\ -0.253 & -0.945 & 0.212 & 0 \end{bmatrix}$$

■ Python のコード

```
# 4.3節 誤差逆伝播法を手計算風に確認する
# まずはライブラリと活性化関数の準備
import numpy as np

def logistic(x):
    return 1 / (1 + np.exp(-x))
```

```python
# 初期値と観測データ

W1 = np.array([[0.603, 0.107, 0],[1.811, -0.307, 0],[-0.165,-1.108,0]])
W2 = np.array([[1.094, -0.494,-0.239,0], [-0.253,-0.945,0.212,0]])
X = np.array([[9,6,3,3,1,5,2,1,1,2], [3,3,0,1,1,4,5,0,8,2]])
T = np.array
    ([[0.7,0.3,0.0,0.4,0.6,0.4,0.3,0.5,0.4,0.3],[0.8,0.9,0.8,0.7,0.6,0.4,
    0.3,0.8,0.7,0.0]])

N = 10 #分析ケース数. しばしば消費者の数
L = 3  #第2層（隠れ層）のユニット数

vec1 = np.ones((1,N))
Xex  = np.vstack([X,vec1])
vecL = np.ones((L,1))
Imatrix = vecL @ vec1 #1を要素としたL行N列の行列

# フォワードステップ

S = W1 @ Xex
Z = logistic(S)
Zex = np.vstack([Z,vec1 ])
Y = W2 @ Zex
Dif = Y - T
esum = (Dif.T @ Dif).trace()/2
print(esum)
# 初回は損失関数が13.962と評価された

# バックワードステップ

DW2 = Dif @ Zex.T

# W2から第1層にリンクのないパラメータをカットする
# 次の指定はW2から最終列を削除することを意味する
# Pythonでは列番号は0からカウントするのでL列目が余分になる
W2b = np.delete(W2,L,axis=1)
DW1 = ((W2b.T @ Dif)*Z * (Imatrix - Z)) @ Xex.T
```

ウェブ調査の科学 —調査計画から分析まで—

大隅昇・鳩真紀子・井田潤治・
小野裕亮 訳

A5判 372頁 (12228-2)
定価（本体 8,000 円＋税）

The Science of Web Surveys 全訳。
実験調査と実証分析にもとづいて
ウェブ調査の考え方、注意点、技法
等を詳説。日本語版付録に用語集や
文献リスト等を掲載。

調査法ハンドブック

大隅昇 監訳

A5判 532頁 (12184-1)
定価（本体 12,000 円＋税）

Survey Methodxology の全訳。社会
調査から各種統計調査までの様々
な調査の方法論を、豊富な先行研
究に言及しながら総調査誤差パラ
ダイムに基づき丁寧に解説。

空間解析入門 —都市を測る・都市がわかる—

貞広幸雄・山田育穂・石井儀光 編

B5判 184頁 (16356-8)
定価（本体 3,900 円＋税）

基礎理論と活用例（内容）解析の第
一歩（データの可視化、集計単位変
換ほか）／解析から計画へ（人口推
計、空間補間・相関ほか）／ネット

空間解析入門

都市を測る・都市がわかる

空間解析
入門

INTRODUCTION TO SPATIAL ANALYSIS

貞広幸雄・山田育穂・石井儀光 編著

新版 医学統計学ハンドブック

新版
医学統計学
ハンドブック

丹後俊郎・松井茂之 編

丹後俊郎・松井茂之 編

A5判 868頁 (12229-9)
定価（本体 20,000 円＋税）

全体像を俯瞰する実務家必携。（内
容）統計学的視点／実験計画法／
生存時間解析／臨床試験／疫学研
究／因果推論／メタ・アナリシス／

統計+解析スタンダード

A5判
180〜230頁
既刊11点・刊行中
[シリーズ編著]
国友直人
竹村彰通
岩崎　学

- 統計学の初級テキストと実践的な統計解析の橋渡しをめざすスタンダードなテキストシリーズ
- 解析対象や解析目的に応じて体系化された様々な方法論を取り上げ、基礎から丁寧に解説
- 具体的な事例や計算方法など実際のデータ解析への応用を重視した構成

『応用をめざす数理統計学』

国友直人 著　232頁・本体 3,500 円＋税　12851-2

「確率空間と確率分布」「数理統計の基礎」「数理統計の展開」の三部構成で解説。演習問題付。

『ノンパラメトリック法』

村上秀俊 著　19頁・本体 3,400 円＋税　12852-9

ウィルコクソンの順位和検定をはじめとする種々の基礎的手法をポイントを押さえ体系的に解説。

『マーケティングの統計モデル』

佐藤忠彦 著　192頁・本体 3,200 円＋税　12853-6

効果的なマーケティングのためのモデリングと活用法を解説。分析例は R スクリプトで実行可能。

『実験計画法と分散分析』

三輪哲久 著　228頁・本体 3,600 円＋税　12854-3

『ベイズ計算統計学』

古澄英男 著　208頁・本体 3,400 円＋税　12856-7

マルコフ連鎖モンテカルロ法の解説を中心にベイズ統計の基礎から応用までを丁寧に解説。

『統計的因果推論』

岩崎学 著　216頁・本体 3,600 円＋税　12857-4

医学、工学をはじめあらゆる科学研究や意思決定の基盤となる因果推論の基礎を解説。

『経済時系列と季節調整法』

高岡慎 著　192頁・本体 3,400 円＋税　12858-1

経済時系列データで問題となる季節変動の調整法を変動の要因・性質等の基礎から解説。

『欠測データの統計解析』

阿部貴行 著　200頁・本体 3,400 円＋税　12859-8

『一般化線形モデル』

汪金芳 著 224頁・本体3,600円＋税 12860-4

標準的理論からベイズ的拡張，多様なデータ解析例までコンパクトに解説する入門的で実践書。

【続刊】

『生存時間解析』

杉本知之 著

データの特徴や解析の考え方，標準的な手法，事例解析と実行結果の読み方まで，順を追って平易に解説。

『経時データ解析』

船渡川伊久子・船渡川隆 著

192頁・本体3,400円＋税 12855-0

医学分野，とくに臨床試験や疫学研究への適用を念頭に経時データ解析を解説。

『多重比較法』

坂巻顕太郎・寒水孝司・濱﨑俊光 著

168頁　本体2,900円＋税 12862-8

医学・薬学の臨床試験への適用を念頭に，群や評価項目，時点における多重性の比較分析手法を実行コードを交えて解説。

---- きりとり線 ----

【お申し込み書】この申し込み書にご記入のうえ，最寄りの書店にご注文下さい。

取扱書店

●お名前

●ご住所（〒　　　）TEL

冊　□公費／□私費

⊟ 朝倉書店

〒162-8707 東京都新宿区新小川町6-29 ／ 振替 00160-9-8673
電話 03-3260-7631 ／ FAX 03-3260-0180
http://www.asakura.co.jp ／ eigyo@asakura.co.jp

縦断データの分析 I
――変化についてのマルチレベルモデリング――

菅原ますみ 監訳

A5判 352頁 (12191-9)
定価(本体 6,500 円+税)

Applied Longitudinal Data Analysis: Modeling Change and Event Occurrence.を2分冊で、同一対象を継続的に調査したデータの分析手法を解説。

縦断データの分析 II
――イベント生起のモデリング――

菅原ますみ 監訳

A5判 352頁 (12192-6)
定価(本体 6,500 円+税)

行動科学一般、特に心理学・社会学・教育学・医学・保健学において活用されている縦断データの分析方法を具体事例をまじえて解説。

統計分布ハンドブック 増補版

蓑谷千凰彦 著

A5判 864頁 (12178-0)
定価(本体 23,000 円+税)

様々な確率分布の特性・数学的意味・展開等を豊富なグラフとともに詳説。増補版では新たにゴンペルツ分布・多変量分布・データガムマ分布・スラムの3章を追加。

環境のための 数学・統計学ハンドブック

F.R.スペルマン・N.E.ホワイティング 著
住明正 監修 原澤英夫 監訳

A5判 840頁 (18051-0)
定価(本体 20,000 円+税)

環境工学の技術者や環境調査の実務者に必要とされる広汎な数理的知識を多数の具体的問題をまじえつつ、大気・土壌・水などの分野ごとに体系的に一冊に集約。

＊ISBN は 978-4-254 を省略　＊価格表示は 2020 年 8 月現在

```
# パラメータ更新　ステップ幅は0.01
W1 = W1 - 0.01 * DW1
W2 = W2 - 0.01 * DW2


# 再度フォワードステップを実行するとesum=7.961と小さくなった
```

以上の Python のプログラムの使い方を説明しましょう。最初から#フォワード
ステップと書いたブロックまでをマウスで選択して■▶ボタンで実行すると esum
が 13.96... だということが分かります。さらに#バックワードステップから最終行
までを選択して実行します。ここでコンソールに W1 とタイプすれば W1 の更新値
が，W2 とタイプすれば W2 の更新値が出力されます。

次に#フォワードステップの箇所まで戻って，フォワードステップのブロックだけ
をもう一度実行します。すると新しい esum の値が出力されて誤差が 7.961 に改
善されたことが分かります。

このように読者がくり返し計算を実体験することで，イテレーションとは何を
しているのかが実感できると思います。またくり返し計算の面倒くささも実感で
きるでしょう。すると次節に出てくる任意の回数だけイテレーションをしてくれ
るプログラムの有難みがよく分かるだろうと思います。本節ではディープラーニ
ングの仕組みを理解するために，あえて手計算風にプログラムを動かしてもらっ
たのです。

■　**更新されたパラメータ**

$$W_1 = \begin{bmatrix} 0.592 & 0.092 & -0.004 \\ 1.801 & -0.334 & -0.009 \\ -0.158 & -1.106 & 0.003 \end{bmatrix},$$

$$W_2 = \begin{bmatrix} 1.087 & -0.499 & -0.238 & -0.007 \\ -0.114 & -0.798 & 0.234 & 0.162 \end{bmatrix}$$

1 回イテレーションをしただけで損失関数が 13.962 から 7.961 に減少しました。
3 回目はさらに 9.391 に下がります。イテレーションのやり方は 2 回目と同じ操
作をくり返せばよいのです。損失関数はその定義からして非負なので 0 より小さ
くなることはありません。$esum$ がゼロに近づくほどディープラーニングによる
予測値 Y が教師の値 T に近くなることが分かります。

4.4 ｜ いくつかの改善点

　前節で，手計算でディープラーニングを動かした結果，学習を 1 回行うだけで
損失関数が下がったことが体験できました。ユニット数と分析データが例題より
多くなっても，原理的には手計算が可能です。原理的にはという意味は，労力を
厭わなければできるはずだ，という意味です。

　一応ディープラーニングが稼働することは分かりましたが，4.3 節の計算法と
Python からの出力についてはまだ改善すべき問題が残っています。次章に進む
前に本章の範囲内で，それらを指摘しておきたいと思います。

■　適合度の評価

　損失関数 $esum$ の値はデータ数 N を増やせば大きくなります。範囲が決まって
いない指標は大きさを判断できません。そこで，Y と T の対応する要素につい
てピアソンの積率相関をとってそれを 2 乗した疑似 r^2 を評価関数として用いる
ことがあります。$0 \leq r^2 \leq 1$ であることは間違いありませんが，こうして出てく
る r^2 は重回帰分析における決定係数とは意味が異なります [8]。具体的な計算方
法は次の通りです。

　まずプログラムの最初に次のライブラリと関数をインポートして計算環境を用
意しておきます。なお，p.74〜78 まで 4 ヵ所出てくるコードは，それ自体では実
行できません。そこで「4.4 節 いくつかの改善.py」というファイルに一本化しま
した。Python ファイルは出版社の Web サイトからダウンロードできます。

```
from scipy.stats import pearsonr
```

　次のコードをイテレーションのフォワードステップの後に追加します。

```
# ステップごとに適合度を評価
yvec = Y.flatten()
tvec = T.flatten()
r,p = pearsonr(yvec,tvec) #相関係数 r，無相関検定のp値
print('疑似指標 r2: ',r**2)
```

---

8)　回帰分析では決定係数が寄与率の最大値を意味しますが，ディープラーニングではそのような
　　保証はありません。また r^2 を正当率（ヒット率）とする説明を見ることがありますが，連続量
　　の予測値が観測値と厳密に一致することはないのでこの説明は誤りです。

　ここで使っている flatten という関数は，行列を並べ替えて 1 つのベクトルに
直す numpy の関数です。最初の 3 回のイテレーションでのテスト結果は表 4.4 の
ようになりました。イテレーションによって誤差の二乗和 esum が小さくなる様
子が確認できます。

　しかしながらイテレーションの初期には予測値と実測値の相関係数はマイナス
になっています。重回帰分析ならばマイナスの相関は生じません。そして疑似 r^2
は大きくなるどころかかえって低下しています。初期値しだいで各指標の挙動は
違ってきます。

■　イテレーションについて

　表 4.4 は手作業でイテレーションを 3 回実行した結果ですが，ディープラーニン
グでは学習を 3 回で終えることはまずありません。そこで，前節と同じ計算法で
5000 回イテレーションしてみます。そのためにコードを次のように修正します。

```
#「ここからイテレーションスタート」の箇所に
    for ite in range(5001):
```

という 1 行を追加します。さらに反復計算させたいブロックのコードをすべて字
下げ（インデント）します。range() の括弧内の数値を変えれば好きな回数だけ
イテレーションが実行できます[9]。

　5000 回イテレーションした結果 $esum$ は 0.107 になりました。相関係数は 0.912
で r^2 は 0.832 と初期値よりは大きくなりました。また最終段階でのパラメータは
下記のように推定されました。初期値と比べて大きく変動したパラメータを見て
みましょう。

表 **4.4**　適合度の推移

	1 回目	2 回目	3 回目
損失関数 *esum*	13.962	7.961	4.695
相関係数	−0.389	−0.373	−0.348
疑似 r^2	0.151	0.139	0.121

---

9)　繰り返し上限は range() に書いた数の 1 つ前までなので 5001 と書くと 5000 番までイテ
　　レーションします。ただし Python のカウントは 0 番から始めますので，実際のイテレーショ
　　ン回数を厳密にいえば 5001 回です。Python の配列ルールは煩わしいです。

表 4.1 の 1 番目の説明変数である「会員年数」の第 3 ユニットへのウェイトは初期値の −0.165 から 1.520 にプラスに変化しています。主成分分析における主成分の解釈と同様に，隠れユニットを解釈するのにウェイト W_1 を利用することができます。ディープラーニングと主成分分析は導出の論理が違いますから，隠れ層が主成分だと言っているわけではありません。

$$W_1 = \begin{bmatrix} 0.415 & -0.296 & 0.057 \\ 1.926 & -0.538 & -1.225 \\ 1.520 & -1.590 & -0.877 \end{bmatrix}, \quad W_2 = \begin{bmatrix} 1.812 & -0.940 & -0.363 & 0.186 \\ 0.426 & -1.350 & 1.115 & 0.722 \end{bmatrix}$$

主成分分析 (principal component analysis：PCA)

　N 個の対象について多変数データがある場合に情報を集約するための多変量解析法です。p.20 の表 2.2 のような形式のデータ行列を X，未知の重みベクトルを w として，線形モデル $f = Xw$ を考え $V = \dfrac{1}{N}(f, f)$ を最大にする w を求めます。f が主成分スコアでその分散が V です。主成分分析は工業製品の製品設計や暮らしやすい地域指標の作成など幅広い分野で使われています。ここでもベクトルの内積 (f, f) が活躍しています。

■　学習の精緻化に関する課題

　4.3 節で紹介したプログラムはディープラーニングの骨格を解説したものでした。それはそれで意味がありますが，ディープラーニングの本格的な導入のためには，精緻化すべき課題が残っています。先に進む前に小括としてそれらを箇条書きしておきます。

1) ステップ幅

　4.3 節ではパラメータ更新のためのステップ幅 α を 0.01 に設定しました。しかしこの値がベストであるという根拠はありません。ステップ幅をどう決めれば 3.4 節で話した局所的最小化におちいらず，しかもイテレーションの回数を短くできるのかが課題です。

2) イテレーションの打ち切り法

　これも解決すべき課題です。4.3 節では 5000 回イテレーションしました。今回の学習例では最初の 50 回くらいから先は $esum$ の低下はごく緩やかです。図 4.3 を見てください。

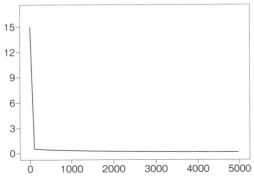

図 **4.3**　イテレーションによる *esum* の変化

esum の値が 0 に近くなったら打ち切るとか, *esum* があまり変化しなくなったら打ち切る, などの打ち切り判定をプログラムに入れることが考えられます。

なお図 4.3 を描画するためのコードは下記の通りです。

```
losshist = np.zeros((0,2))    #イテレーション前に記録の初期化
# イテレーション100 回ごとに損失関数を記録
   if ite % 100 == 0:
       esum = (Dif.T @ Dif).trace()/2
       losshist=np.vstack((losshist,np.array([ite,esum])))
       print ( "ite= %d loss = %.3f" %(ite, esum))
# イテレーション後に学習曲線を描画
import matplotlib.pyplot as plt
plt.plot(losshist[0:,0],losshist[0:,1])
plt.show()
```

3) 隠れ層の多層化

図 4.1 のニューラルネットワークは隠れ層が 1 層だけでした。けれども今日のディープラーニングは隠れ層が 100 層とか 200 層など, より多層化したモデルが使われています。隠れ層の数を自由に指定するには, より一般化した形でウェイト行列を記述する必要があります。

4) 隠れ層のユニット数の決め方

ニューラルネットワークのモデルは入力層と出力層については入手できるデー

タによって数が決まります。問題なのは隠れ層のユニット数をどう決めるかです。図 4.1 のモデルでは隠れ層のユニットを 3 つと設定しました。けれどもそれが正しいという根拠は何もありません。

　ディープラーニングの実務においては，ユニット数をいろいろ変えながら学習させてみて，成績がよかったユニット数に決める，という経験主義的な決め方もされています。学習の最終成績はユニット数以外にも多くの要因がからんできますので経験則で決めるのは難しいことです。学習成績に働く要因については 7 章で述べます。

5）モデルのバリエーション

　本章で紹介したモデルは量的な教師信号を予測することを目的とし，損失関数を誤差の二乗和と設定し，ユニット内での非線形変換にロジスティック変換を用いるというモデルでした。ディープラーニングは他にも様々なバリエーションがあります。5 章ではその中でも有力なモデルを紹介します。

■　排他的論理和の宿題

　1.2 節で宿題として残っていたのが排他的論理和 (XOR) の問題でした。パーセプトロンでは解決できなかった課題です。図 4.4 にそのためのネットワークを示します。

　本当にこのモデルで排他的論理和が表現できるかを確かめましょう。4.3 節に準じた Python のコードを次に示します。Yes か No かの真偽表を出力したいので，ここでは非線形変換に 1 か 0 かのステップ関数を使います。def step_function がその定義です。

```python
# 排他的論理和XORをニューラルネットで表す

import numpy as np

def step_function(x):
    return np.array(x > 0, dtype=np.int)

# パラメータの1つの例と観測データ
W1 = np.array([[-0.5, -0.5, 0.7], [0.5, 0.5, -0.2]])
W2 = np.array([0.5, 0.5,-0.7])
```

```
X = np.array([[0,1,0,1], [0,0,1,1]])
T = np.array([0,1,1,0])

N = 4      #組み合わせの数
vec1 = np.ones((1,N))
Xex  = np.vstack([X,vec1])

# ここからフォワードのプロセス
S = W1 @ Xex
Z = step_function(S)
Zex = np.vstack([Z,vec1])
Sum = W2 @ Zex
Y = step_function(Sum)
Dif = Y - T
```

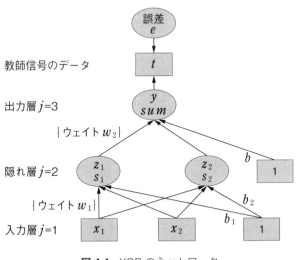

図 4.4　XOR のネットワーク

　表 4.5 の z_1, z_2 が隠れ層からの出力です。実際にこのコードを実行すると $y = t$ となり Dif がゼロベクトルだという結果が出力されます。これでネットワークに隠れ層を加えることによって排他的論理和を表せることが確認できます。

表 4.5　ニューラルネットワークで表現した排他的論理和

ニューラルネットワーク							真偽表		
X_1	X_2	Z_1	Z_2	Y	T		X_1	X_2	結論
0	0	1	0	0	0		偽	偽	偽
1	0	1	1	1	1		真	偽	真
0	1	1	1	1	1		偽	真	真
1	1	0	1	0	0		真	真	偽

コラム：勾配行列の高速導出

　本章では誤差逆伝播法を，まず要素ごとに偏微分を済ませ，得られた結果を行列に書き直す，という流れで解説しました。しかしこの導出はまわりくどかったかもしれません。はじめから損失関数 $esum$ を行列で表し，それを偏微分すれば勾配行列がストレートに出てくるはずです。

　本章のディープラーニングの場合は隠れ層から損失関数までのネットワークモデルは線形モデルそのものです。ですから行列の偏微分をすればよいのです。ここでは誤差逆伝播法の前半部分を導出しておきましょう。行列の記法は前節のステップ 3 の記法にしたがいます。

　まず誤差の二乗和をトレースで表して展開します。トレースの偏微分については 2.4 節で紹介しました。

$$esum = \frac{1}{2}tr\left[(\boldsymbol{Y}-\boldsymbol{T})'(\boldsymbol{Y}-\boldsymbol{T})\right] = \frac{1}{2}tr(\boldsymbol{Y}'\boldsymbol{Y} - 2\boldsymbol{T}'\boldsymbol{Y} + \boldsymbol{T}'\boldsymbol{T})$$
$$= \frac{1}{2}\left[tr(\boldsymbol{Y}'\boldsymbol{Y}) - 2tr(\boldsymbol{T}'\boldsymbol{Y}) + tr(\boldsymbol{T}'\boldsymbol{T})\right]$$

次に連鎖微分を行列で表します。

$$\frac{\partial esum}{\partial \boldsymbol{W}_2} = \frac{\partial esum}{\partial \boldsymbol{Y}} \cdot \frac{\partial \boldsymbol{Y}}{\partial \boldsymbol{W}_2}$$

　最初の偏微分は $\dfrac{\partial tr(\boldsymbol{Y}'\boldsymbol{Y})}{\partial \boldsymbol{Y}} = 2\boldsymbol{Y}$, $-2\dfrac{\partial tr(\boldsymbol{T}'\boldsymbol{Y})}{\partial \boldsymbol{Y}} = -2\boldsymbol{T}$, $\dfrac{\partial tr(\boldsymbol{T}'\boldsymbol{T})}{\partial \boldsymbol{Y}} = \boldsymbol{O}$ なので，$1/2$ がうまく働いて $\dfrac{\partial esum}{\partial \boldsymbol{Y}} = \boldsymbol{Y} - \boldsymbol{T}$

　次の偏微分は $\dfrac{\partial \boldsymbol{Y}}{\partial \boldsymbol{W}_2} = \dfrac{\partial(\boldsymbol{W}_2\boldsymbol{Z}_{ex})}{\partial \boldsymbol{W}_2} = \boldsymbol{Z}'_{ex}$ したがって $\dfrac{\partial esum}{\partial \boldsymbol{W}_2} = (\boldsymbol{Y}-\boldsymbol{T})\boldsymbol{Z}'_{ex}$ と $\boldsymbol{W}_2$ に関する勾配行列 (4.17) を高速に導くことができます。

## 第 5 章

質的な分類を行うディープラーニング

　本章では対象が複数のグループのどれに属するのかを予測するためのディープラーニングを紹介します。ビジネスやマーケティング活動におけるブランド選択，経済学における質的選択，そして多変量解析の中では判別分析が同じ課題を扱っています。この課題にディープラーニングはどう応えるのでしょうか。正しく分類することが目的なので，量的な予測を狙ったディープラーニングとは別のアイデアが必要になります。

　分類課題の損失関数と活性化関数には何がよいか？というのが5章のメインテーマです。

5.1 | 交差エントロピー基準

　この節では最初に「質的な分類」が必要なシーンを述べてから分類に適した損失関数を紹介します。

■ 志望学部はどこか

　私が以前奉職していた某大学には商学部，経済学部，経営学部，法学部，文学部，ネットワーク情報学部，人間科学部の7つの学部がありました。一般入試にはそのどこかの学部を志望する受験生が受験会場に来てくれます。そこで試験委員としてキャンパスの正門で受験生の入構に立ち会っているというシーンを想像してもらいましょう。受験生の顔を見ていても学生がどの学部を受験するかは分かりませんね。けれども一部の受験生だけでも受験生に関する情報 X と，どの学部の志願者かという教師信号 T が入手できたら，説明変数 X と教師信号 T のコネクションを学習して説明変数 X から志願学部が予測できるかもしれません。これが本章で紹介する質的な分類の典型的な応用場面です。

■ 交差エントロピーという損失関数

　各受験生の受験学部を予測するために個人別に学部の選択見込みを数値化しま

表 5.1　学部選択の例

		商学部	経済学部	経営学部	法学部	文学部	情報学部	ネットワーク	人間科学部
受験生 A	予測値 p	0.7	0.1	0.2	0	0	0		0
	教師信号 t	1	0	0	0	0	0		0
受験生 B	予測値 p	0.2	0	0	0	0.3	0		0.5
	教師信号 t	0	0	0	0	0	0		1

しょう。一人の受験生が各学部を選ぶ確率を p で表し，実際の受験学部を t で表します。

　予測モデルの構造は次節で説明しますが，ここでは確率を予測するモデルができたとして話を進めます[1]。

　教師信号を，受験生がエントリーした学部だけ 1 で残りは 0 の値をとるダミー変数で表現します。この「該当する 1 つだけが 1 で残りは 0」のデータをディープラーニングではホットデック・データと呼んでいます。統計学ではダミー変数といって長年使われてきたデータ表現です[2]。

　表 5.1 は 2 人の受験生が各学部を受験する確率の予測値 p と実際の志願実績を表す教師信号 t を対照させた例です。もし大学受験に興味がなければ，受験生を顧客に読み替え，学部をトヨタ，ホンダ，スズキ，ダイハツ，日産などに読み替えれば，本節の例題が顧客の自社品選択の問題と同じ形式の課題であることに気づくでしょう。顧客の購買行動を予測することはビジネスの重要課題であることは言うまでもありません。

　さて，表 5.1 に戻って，受験生の違いを i，学部の違いを j で表すことにします。具体的には $i = 1, 2$，$j = 1, 2, \cdots, 7$ と変化します。もちろん本当の受験生は数万人になりますが，ここではそのうち 2 人を表示しただけだと考えてください。

---

1)　受験確率はモデル上の構成概念であって，直接観測できる変数ではありません。

2)　時系列分析ではリーマンショックや新型コロナウィルスなどの事象をダミー変数でモデルにとりこみます。また日本で戦後に提唱された林の数量化理論もダミー変数を利用した多変量解析でした。たとえば次の研究があります。青山博次郎 (1965)「ダミー変数と数量化法への応用」統数研彙報，第 13 巻 1 号 1-12.

　ここで「予測の良さ」を評価するために $\sum_{j=1}^{m} t_j \log(p_j)$ という指標を導入します。対数は自然対数です。対数の説明は章末のコラムで書きました。さて表 5.1 にそって 7 つの学部の和を計算します。

$$t_1 \log(t_1) + t_2 \log(t_2) + t_3 \log(t_3) + t_4 \log(t_4) + t_5 \log(t_5) + t_6 \log(t_6) + t_7 \log(t_7)$$

　$t_j = 0$ を掛ければ 0 になるので，A さんの場合は $t_1 = 1$ の商学部だけを勘定すればよいのです。A さんのスコアは $\log(0.7) = -0.357$ でした。B さんは人間科学部を選択したので $\log(0.5) = -0.693$ でした。ですから $t_j \log(p_j)$ は予測が成功するほど大きな値をとることが分かります。そこで $t_j \log(p_j)$ にマイナスをつけて大小関係を逆転しましょう。

　すると $-t_j \log(p_j)$ は予測が成功するほど小さな値をとることになります。逆に大きければ損失です。そして損失は 1 人の受験生だけでなくて，N 人の受験生全体で減らしたいものです。

　以上の検討をふまえて，本章では (5.1) の交差エントロピーと呼ばれる指標を損失関数に用いることにします。選択肢の数を m 個として，N 人の受験生で平均をとった指標です。エントロピーという名前からして情報量と何らかの関連がありそうです。実際，交差エントロピーはシャノンの情報量と少しだけ似ています。なぜ情報量の尺度にマイナスの符号が出てくるのかについては章末のコラムで説明します。

交差エントロピー

$$cross = -\frac{1}{N} \sum_{i=1}^{N} \sum_{j=1}^{m} \{t_{ij} \log(p_{ij})\} \tag{5.1}$$

　交差エントロピーは悪さ (badness) の指標ですから，小さくすることを目指す「望小指標」です [3]。

■　尤度からみた交差エントロピー

　交差エントロピーの意味は統計学の尤度（ゆうど）の概念から説明することが

---

3)　望大指標とか望小指標という用語は品質管理や工業の分野で使われています。一般には普及していませんが分かりやすい表現です。

できます。尤度とは，複数の現象が同時に起きるもっともらしさの程度を確率の積で表す考え方です。

たとえば受験生 i が学部 j を受験する確率を p_{ij}，実際に学部を志願したかどうかの行動を $t_{ij} = 1, 0$ とします。受験生は互いに独立に志願学部を決めると想定すれば，同時に起きた現象のもっともらしさの程度は確率の積で表せます [4]。

$$L = \prod_{i=1}^{N} \prod_{j=1}^{m} p_{ij}^{t_{ij}}$$

この L は尤度 (likelihood) の略であって損失関数 (loss function) の L ではありません。$\prod$ は掛け算をしなさいという記号です。表 5.1 の場合の尤度を計算してみましょう。任意の数値のゼロ乗は 1 になるので $y = 1$ に対応した確率だけ積をとればよいのです。

A, B 2 人の予測確率の尤度は $L = 0.7^1 0.5^1 = 0.35$

t が 1 である時に p も 1 に近ければ尤度は大きくなります。さて確率の掛け算は $0.7 \times 0.5 = 0.35$ くらいなら大丈夫ですが，数千人，数万人の受験生について確率を掛けると，確率の積がとても小さな数値になってコンピューターでは処理不能になります。丸め誤差の問題です。そこで尤度の対数をとって積を和に換えることでこの問題を回避します。それが次の対数尤度です。

$$\log L = \sum_{i=1}^{N} \sum_{j=1}^{m} \{t_{ij} \log(p_{ij})\}$$

受験生 A, B のデータでは，$\log L = \log(0.7) + \log(0.5) = -0.357 - 0.693 = -1.050$ です。

N 人について対数尤度を計算して，それを分析データ数の N で割って平均化し，さらに損失関数にするためにマイナスをつけます。こうして表 5.1 の交差エントロピー 0.525 を導くことができます。もし学部の志願が全員適中した場合は $\log 1 = 0$ なので，(5.1) より交差エントロピーは 0 になります。

---

4)　本節の確率変数は離散型です。確率変数が連続型の場合，尤度は確率密度関数 $f(x_i)$ の積 $L = \prod_i f(x_i)$ になります。確率 p の上限は 1 ですが $f(x_i) \geq 0$ に上限はありません。

5.2 │ ソフトマックス関数による確率予測

次に質的な分類に適した活性化関数について考えましょう。

■ 多項ロジットモデル

多項ロジットモデル (multinomial logit model：MNL) は人間が質的な選択肢の中から何を選ぶかを予測する確率モデルです[5]。

MNL では選択対象の全体効用 U (utility) が，観測できる定数効用 V と確率的に変動する効用 ε から成り立つと構造化します。定数効用は説明変数 X の重みづけ合計に定数 b を加えた線形モデルです。次の $\boldsymbol{w}'\boldsymbol{x}$ は 2 章で説明したベクトルの内積です。$\boldsymbol{w}'\boldsymbol{x}$ と $(\boldsymbol{w}, \boldsymbol{x})$ は同じものを意味します。

$$U = V + \varepsilon = \boldsymbol{w}'\boldsymbol{x} + b + \varepsilon$$

ここで確率変数 ε が独立で同一の極値分布 (extreme value distribution) という確率分布に従う仮定します。極値分布はガンベル分布とか 2 重指数分布とも呼ばれている分布です。この仮定を置くと，消費者 i が選択肢 j を選択する確率は次式で導かれます。

$$p_{ij} = \frac{\exp(\boldsymbol{w}'_j\boldsymbol{x}_{ij} + b_j)}{\sum_{k=1}^{m} \exp(\boldsymbol{w}'_k\boldsymbol{x}_{ik} + b_k)}$$

分母のシグマは j 自身も含めて m 個すべての選択肢について和をとっています。定数効用を $v_{ij} = \boldsymbol{w}'_j\boldsymbol{x}_{ij} + b_j$ とまとめて書くと，m 個の選択肢の中から対象 j を選択する確率は「指数化定数の構成比」で表わされる，というのがマクファデンの結論でした。

$$p_j = \frac{\exp(v_j)}{\sum\limits_{k=1}^{m} \exp(v_k)} \tag{5.2}$$

■ 多項ロジットモデルの望ましい性質

(5.2) を $j = 1, 2, \cdots, m$ について合計すると，分子の合計が定数である分母と等しくなることから p_j の合計は 1 になります。また指数関数の性質から (5.2) の

---

[5]　マクファデンは多項ロジットモデルによる質的選択の研究でノーベル賞を獲得しています。ただしロジットモデルの研究はマクファデン以前からありました。

McFadden, D. (1974) Conditional logit analysis of qualitative choice behavior, In Zarembka, P. (ed.) *"Frontiers in Econometrics."* New York:Academic Press, 105-142.

分子も分母も負にはなりません。以上のことから多項ロジットモデルは次の性質
を満たしています。

離散型確率分布の条件

$$p_j \geq 0, \qquad j = 1, 2, \cdots, m$$

$$\sum_{i=1}^{m} p_j = 1$$

　受験生の志望学部でいえば p は非負の値をとり，全学部にわたって p を合計す
ると個人単位で 1 になることを意味します[6]。日常語でいえば，入試に来た受験
生は必ずその大学のどこかの学部を受験することは間違いないという意味です。
当たり前ではないかと思われるでしょうが，当たり前の性質が保証されることは
大切です。

　統計学の自由度の概念でいえば学部選択の自由度は $m-1$ です。某大学の受験
生の例でいえば，7 学部のうち最大 6 学部まで受験の有無を聞けば，残った学部
については質問する必要はありません。p_j には束縛があって，互いに依存関係に
あるからです。

■　多項ロジットモデルで気をつけること

　表 5.2 に 3 行 4 列のデータ $\boldsymbol{Y}$ から多項ロジットモデルで確率 $\boldsymbol{P}$ に変換した結
果を示しました。このように実際に計算してみることによって多項ロジットモデ
ルの性質が理解しやすくなります。

① 左表 1 列目の $\{1, 2, 3\}$ から 4 を引いても 1000 を足しても確率 $\boldsymbol{P}$ は変わりま
　 せん。つまり多項ロジットモデルを使う限り $\boldsymbol{Y}$ のスケールは原点を平行移動
　 しても結果は不変です。選択確率に影響を与えるのは $\boldsymbol{Y}$ の絶対値ではなくて
　 $\boldsymbol{Y}$ の間の差なのです。したがって 3 章のコラムで説明した 4 つの尺度水準の
　 区分でいえば $\boldsymbol{Y}$ は間隔尺度でよいことが分かります。

② 元の値 $\{1, 2, 3\}$ を 10 倍すれば確率は変わります。データの入力桁数が増え

---

6)　(5.2) から導かれる p は負にはなりませんが，計算上は p が 0 と区別できないことは起きま
　　す。

表 5.2　多項ロジットモデルの性質

変換前の *Y* のデータ				多項ロジットモデルによる確率 *P*			
1	−3	1001	10	0.090	0.090	0.090	0.000
2	−2	1002	20	0.245	0.245	0.245	0.000
3	−1	1003	30	0.665	0.665	0.665	1.000

るとトップの選択肢への選択確率が集中します。ということはまったく同じ対象であっても測定単位を変えるだけで選択確率が変わるという恐ろしさがあるのです。カロリーの摂取量を *k* カロリー単位で入力した時とカロリー単位で入力したときとでは，事実は同じでも選択確率が変わるという意味です。

　分析する多数の説明変数の単位がすべてが同じであるという事態は希でしょう。消費金額（円）や買い物頻度（回数）など度量衡が違う入力データが混在することは避けられない，と想定するのは当然です。もしかしたら，これは深刻な問題を引き起こすかもしれない，と心配になる姿勢が大切です。表 5.2 は多項ロジットモデルの気をつけるべき性質を表しているといえます。本章で利用するソフトマックス関数は実は多項ロジットモデルと同じものです。ですから入力単位の注意点は質的な分類のディープラーニングにも該当します。

■　多項ロジットモデルの偏微分

　この段階で (5.2) の偏微分を済ませておきましょう。この偏微分は本章のディープラーニングで必要になります。

　ネットワークの出力ユニットに (5.2) の定数効用を位置づけますので，記号は v でなく y を使うことにしましょう。この (5.2) は効用値 y を確率 p に変換する活性化関数として利用します。出力層の一つのユニット内で行われる変換には，そのユニットの効用値 y だけでなく他のユニットの効用値の大きさが影響します。したがって各ユニットを区別して偏微分する必要がありますので，ユニット番号に j と k の添字を使うことにします。

$$p_j = \frac{\exp y_j}{\displaystyle\sum_{k=1}^{m} \exp y_k}, \quad (j, k = 1, 2, \cdots, m)$$

関数 p_j を同一ユニットに属する y_j で偏微分する場合と，他のユニットの y_k で偏微分する場合に分けて考えることにしましょう。p_j は分数の関数ですから，次の商の微分の公式を利用します。

$$\left(\frac{h}{g}\right)' = \frac{h'g - hg'}{g^2}$$

まず関数 p_j を同一ユニット内の y_j で偏微分すると次のようになります。

$$\frac{\partial p_j}{\partial y_j} = \frac{\partial}{\partial y_j}\left(\frac{\exp(y_j)}{\sum_k \exp(y_k)}\right) = \frac{\exp(y_j) \cdot \sum_k \exp(y_k) - \exp(y_j) \cdot \exp(y_j)}{\left\{\sum_k \exp(y_k)\right\}^2}$$

$$= \frac{\exp(y_j)}{\sum_k \exp(y_k)} - \frac{\{\exp(y_j)\}^2}{\left\{\sum_k \exp(y_k)\right\}^2} = p_j - p_j^2 = p_j(1 - p_j)$$

$$(5.3)$$

(5.3) から選択肢の予測確率が 0.5 の時に偏微分が最大になることが分かります。その時 y_j の変動が関数 p の値を最も大きく変動させます。次に他のユニットの効用 y_k が変化した時の p_j への影響については

$$\frac{\partial p_j}{\partial y_k} = \frac{\partial}{\partial y_k}\left(\frac{\exp(y_j)}{\sum_k \exp(y_k)}\right) = \frac{-\exp(y_j) \cdot \exp(y_k)}{\left\{\sum_k \exp(y_k)\right\}^2}$$

$$= -\frac{\exp(y_j)}{\sum_k \exp(y_k)} \cdot \frac{\exp(y_k)}{\sum_k \exp(y_k)} = -p_j p_k$$

$$(5.4)$$

(5.4) のマイナスの符号は，選択肢 k の効用が増加することは選択肢 j の選択確率を低下させる効果があることを示しています。経営でいえば競合の寡占度が高まれば自社のシェアが下がる傾向がありますが，それと同じ理屈です。

なおディープラーニングでは多項ロジットモデルをソフトマックス関数と呼んでいます。ディープラーニングのコミュニティでは他分野に長年の先行研究があっても，新語を造り出すことがあります。いかがなものかと思いますが，ディープラーニングの世界では慣用化していますので，本書でもこの先はソフトマックス関数という用語を使うことにします。

5.3 ┃ フォワードとバックワードのプロセス

この節では小規模なデータにそって，フォワードとバックワードのプロセスを具体的に追ってみます。

■ 分析データの形式

以下，データ処理の手順にそって質的分類の方法を解説しましょう。解説上のシナリオは4つの説明変数を使って，300人の消費者を3つの購入ブランドのグループに分類することとします。

表5.3では教師信号の欄で，グループの違いをA，B，Cで区別しています。A，B，Cは質的なカテゴリーなら何でも構いません。消費者が一番好きな食べ物あるいは一番行きたい観光地を予測するという課題にも適用できます。本節では購入ブランドがA，B，Cのどれであるかを説明変数 X_1〜X_4 を使って予測するというシナリオにそって説明します。

表5.3は架空の分析データの一部です。消費者300人はA，B，Cブランドの購買グループに分かれています。購入ブランドが教師信号 T で，説明変数には X_1〜X_4 と番号をつけました。説明変数は年齢や所得など，すべて量的な変数とします。以上2種類の入力データを行列で表せば次の通りです。

$$X = \begin{bmatrix} 0.68 & 0.65 & 0.62 & 0.80 & 0.79 & 0.93 & \cdots \\ 0.67 & 0.72 & 0.59 & 0.57 & 0.55 & 0.56 & \cdots \\ 0.23 & 0.24 & 0.30 & 0.71 & 0.69 & 0.89 & \cdots \\ 0.54 & 0.34 & 0.54 & 1.47 & 1.02 & 2.12 & \cdots \end{bmatrix}$$

行列 X は表5.3の X_1〜X_4 までの説明変数行列を転置したものです。表と見比べてください。

$$T = \begin{bmatrix} 1 & 1 & 1 & 0 & 0 & 0 & \cdots \\ 0 & 0 & 0 & 1 & 1 & 0 & \cdots \\ 0 & 0 & 0 & 0 & 0 & 1 & \cdots \end{bmatrix}$$

表5.3 質的分類のデータ構造（一部抜粋）

説明変数				教師信号
X_1	X_2	X_3	X_4	brand
0.68	0.67	0.23	0.54	ブランド A
0.65	0.72	0.24	0.34	ブランド A
0.62	0.59	0.30	0.54	ブランド A
0.80	0.57	0.71	1.47	ブランド B
0.79	0.55	0.69	1.02	ブランド B
0.93	0.56	0.89	2.12	ブランド C

行列 T は購買ブランドをダミー変数で表しています。各列ごとに購買したブランドの要素だけ1になっています。購買の有無を1か0で表します。たとえば T の第1列を見ると，表5.3の最初の消費者がブランドAの購買者であったことを示しています。

■ データの構造

説明変数の空間内に300人の消費者がどう分布しているかを図5.1と5.2で見ておきましょう。

説明変数1と2を組み合わせた空間ではブランドAのグループとブランドBのグループが互いに入り混じっています。またブランドBとグループとブランドCのグループも入り混じっています。ですからどのような直線で境界線を引こうが，完全にグループを分割することはできません。1章のコラムで紹介した用語でいえば，この2つの説明変数だけでは3グループは線形分離不可能です。

このように説明変数の空間で消費者グループが重なって分布することは珍しいことではありません。自社ユーザーと他社ユーザーのポジションを画然と分離で

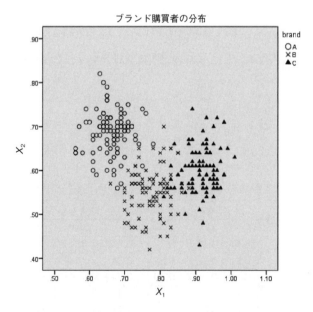

図 5.1 説明変数1と2を組み合わせた消費者の分布

きなくて，1人の顧客を複数の競合企業が奪い合うことはごく日常的なことです。

　次に説明変数の3と4を組み合わせた空間に消費者をプロットしたのが図5.2です。これは線形分離可能な同時分布を表しています。主にX_3の値に従い，それにX_4の値を多少加味した線形モデルで各ブランドの購買グループが予測できそうです。

　ディープラーニングでは多数の説明変数を一括して分析することをよく行います。ですから図5.1，5.2のようにあらかじめ変数を組み合わせて散布図を描き，どの説明変数を使って分析するかを検討する，というような予備的分析はふつう行いません。そのような分析者が介在するプロセスを省くのがディープラーニングの特徴です。

　伝統的な統計分析の場合は，ある種の統計基準を利用して変数選択を行い，利用する説明変数を絞ることをよく行います。4つの変数から2つを選ぶくらいならグラフを見ることもできますが，説明変数が数百，数千になると膨大な組み合わせになってそれも困難です。そこで統計ソフトを使って自動選択する方法が採られています。読者は，なぜ変数を絞り込む必要があるのかが疑問になるかもし

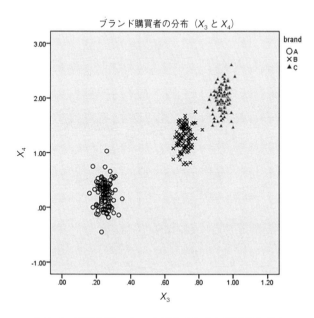

図 5.2　説明変数 3 と 4 を組み合わせた消費者の分布

れません。説明変数の影響度を評価したいから，という理由については 8.1 節で解説しています。他にも理由がありますが本書では立ち入りません。

■　ネットワークモデルの記述

3 層ニューラルネットワークのモデルを図 5.3 に示しました。購買ブランドで消費者を 3 分類したので，教師信号の数は 3 つです。また損失関数は (5.1) で定義した交差エントロピーにしました。出力層では前節で紹介したソフトマックス関数を使って 3 つの y を 3 つの p に変換します。隠れ層の活性化関数には 3.3 節で解説したレルー関数を使いました。隠れ層のユニット数はこの先変更しやすいように L 個と一般的に書きました。それ以外の変数については 4 章と変わりません。記号も同じものには同じ記号を使うことにします。

前の章ではネットワークの学習法の解説を 3 段階に分けて解説し，最終的に行列とベクトルを使って整理しました。同じステップをここで繰り返すのはくどいと思われますので，5 章では始めから行列とベクトルを使って簡潔に記述したいと思います。

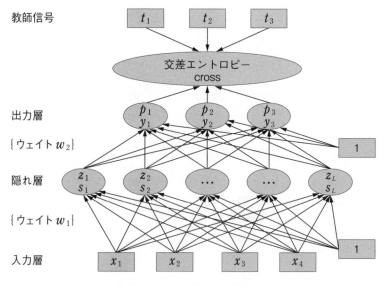

図 5.3　ニューラルネットワーク

■ フォワードのプロセス

【説明変数】

ニューラルネットワークに入力される個々のデータは $\boldsymbol{x}_{ex} = (x_1 \ x_2 \ x_3 \ x_4 \ 1)'$ という 5 次の列ベクトルです。最後の 1 は定数のデータを 1 に固定することを表しています。このデータが N 人分あるので，5 行 N 列の説明変数データを分析に使います。実例のデータ量は $N = 300$ です。

【隠れ層に送られるデータ】

入力層のデータを加重加算した上で隠れ層に向けて次数 L のベクトル $\boldsymbol{s}$ が送られます。入力データに掛けられるウェイト行列を $\boldsymbol{W}_1$ という名前で表せば $\boldsymbol{s}$ は (5.5) の線形モデルで表されます。$\boldsymbol{W}_1$ は定数に関する重みベクトルを最終列に加えましたので L 行 5 列のサイズになります。今回の分析例では $L = 10$ です。

$$\boldsymbol{s} = \boldsymbol{W}_1 \boldsymbol{x}_{ex} \tag{5.5}$$

【隠れ層内での変換】

ユニットに入力された s の値をレルー関数で z に変換します。3.3 節で紹介した通りレルー関数とその導関数は次の通りです。厳密にいえば $z(s)$ の微分は $s = 0$ では定義されませんが，ディープラーニングでは便宜的に (5.6) のように扱います。

$$z(s) = \begin{cases} s & (s \geq 0) \\ 0 & (s < 0) \end{cases}, \qquad \frac{dz(s)}{ds} = \begin{cases} 1 & (s \geq 0) \\ 0 & (s < 0) \end{cases} \tag{5.6}$$

ベクトル $\boldsymbol{z} = (z_1 \ z_2 \ \cdots \ z_L)'$ の次数は隠れ層のユニット数なので L です。

【隠れ層から出力層への加重加算】

(5.5) と同様に線形モデルを用います。$\boldsymbol{W}_2$ は定数への重みベクトルを加えましたので 3 行 $L+1$ 列のサイズになります。行数は 3 つのブランドに対応します。

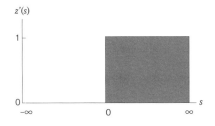

図 5.4 レルー関数の導関数

y の意味は本節のシナリオにおいては個々の消費者が各ブランドに持つ効用であると解釈されます。

$$y = W_2 z_{ex} \tag{5.7}$$

【出力層ではソフトマックス変換】

$$p_j = \frac{\exp y_j}{\sum_{k=1}^{m} \exp y_k} \tag{5.2}（再）$$

【教師信号】

　個人ごとに好きなブランドを 3 次のベクトル $t = (t_1\ t_2\ t_3)'$ で表して，それを N 人分，列方向に並べたのが教師信号行列の T です。個人が購買したブランドには 1，それ以外には 0 の値が入っています。教師信号は測定値なので，モデルの外部から与えられます。

【損失関数】

　次の交差エントロピーを用います。

$$cross = -\frac{1}{N} \sum_{i=1}^{N} \sum_{j=1}^{m} \{t_{ij} \log(p_{ij})\}$$

　質的な分類を行うディープラーニングの課題は，x と t が観測値として与えられたときに $cross$ が最小になるように W_1 と W_2 を推定することだといえます。

　以上のフォワードのプロセスは，パラメータさえ与えれば簡単に求められます。未知のパラメータには適当な初期値を与えてスタートすればよいのも 4 章のディープラーニングと同じです。パラメータの初期値としては平均 0，分散 1 の正規乱数を使うことにしました。とはいえ初期値に正解はないので，実際の応用場面では初期値をさらに調整することがあります。

■　バックワードのプロセス

　4 章と同様に損失関数の偏微分を出力側から順に求めていきます。5 章の新しい内容は交差エントロピーから選択肢の効用 y までをたどる部分とレルー関数だけです。

　データ番号を i と書くと記法が見づらくなりますので，とりあえず 1 人のデータだけについて記述して後で N 人について合計しましょう。また損失関数も手短に書きたいので，ここでは 1 人分の損失を ent と書きました。またどのブランドをさしているかを区別する必要があるので，選択肢には j，k という添字を使い

ます。

【ウェイト W_2 の偏微分】

$$ent = -\sum_j t_j \log p_j, \qquad ただし \ \sum_j t_j = \sum_j p_j = 1$$

$$\frac{\partial ent}{\partial w_{jl}} = \frac{\partial ent}{\partial y_j} \cdot \frac{\partial y_j}{\partial w_{jl}} \tag{5.8}$$

ただし (5.8) の $l = 1, 2, \cdots, L$ は隠れ層のユニット番号

まず (5.8) 右辺の最初の偏微分 $\partial ent/\partial y_j$ は次のように考えます。フォワードのプロセスでは，変数 y をソフトマックス変換して p を求めて，それを交差エントロピーの関数で評価して ent を求めました。バックワードのプロセスでは損失関数から始めて逆順に偏微分していきます。まずは $ent \Rightarrow p$ の偏微分です。

$$\frac{\partial ent}{\partial \boldsymbol{p}} = \frac{\partial}{\partial \boldsymbol{p}} \left(-t_1 \log p_1 - t_2 \log p_2 - t_3 \log p_3\right) = \begin{bmatrix} -t_1/p_1 \\ -t_2/p_2 \\ -t_3/p_3 \end{bmatrix} = \boldsymbol{g}_p$$

次に $p \Rightarrow y$ の偏微分です。最初に y_1 に着目して偏微分しましょう。ソフトマックス関数の偏微分はすでに分かっている (5.3) と (5.4) の結果を使います。

$$\frac{\partial \boldsymbol{p}}{\partial y_1} = \frac{\partial}{\partial y_1} \begin{bmatrix} p_1 \\ p_2 \\ p_3 \end{bmatrix} = \begin{bmatrix} p_1(1-p_1) \\ -p_1 p_2 \\ -p_1 p_3 \end{bmatrix} = \boldsymbol{g}_{y1}$$

ent の y_1 による偏微分は，合成関数の微分なので以上 2 つの勾配ベクトルの内積を計算します。

$$\frac{\partial ent}{\partial y_1} = (\boldsymbol{g}_{y_1}, \boldsymbol{g}_p) = p_1(t_1 + t_2 + t_3) - t_1 = p_1 - t_1 \tag{5.9}$$

同様にして y_2, y_3 についても偏微分すると，次のように秩序だった結果になります。

$$\frac{\partial ent}{\partial y_2} = p_2 - t_2, \qquad \frac{\partial ent}{\partial y_3} = p_3 - t_3$$

t_j の和は 1 だという制約が効いてきれいに整理できたのです。以上 3 つの偏微分をベクトルで表すと $\dfrac{\partial ent}{\partial \boldsymbol{y}} = \boldsymbol{p} - \boldsymbol{t}$, つまり予測確率と教師データの差のベクトルであることが分かります。

合成関数の偏微分の行列計算

(5.9) のように個々の y ごとに ent を偏微分するのは煩雑です。偏微分する変数もベクトルのまま扱うと見通しがよくなります。偏微分する y_j を第 j 行要素，偏微分の対象である p_k を第 k 列要素に配列することで m 行 m 列の行列 $G = \left(\dfrac{\partial p_k}{\partial y_j} \right)$ を作ります。あとは本節のモデルにそって行列とベクトルを掛ければ偏微分が一気に求められます。2 種類の偏微分ベクトルの内積をとっているという計算の実質は (5.9) と同じです。

$$
\frac{\partial ent}{\partial \boldsymbol{y}} = \frac{\partial \boldsymbol{p}}{\partial \boldsymbol{y}} \cdot \frac{\partial ent}{\partial \boldsymbol{p}} = \boldsymbol{G}\boldsymbol{g}_p
$$

$$
= \begin{bmatrix} p_1(1-p_1) & -p_1p_2 & -p_1p_3 \\ -p_2p_1 & p_2(1-p_2) & -p_2p_3 \\ -p_3p_1 & -p_3p_2 & p_3(1-p_3) \end{bmatrix} \begin{bmatrix} -t_1/p_1 \\ -t_2/p_2 \\ -t_3/p_3 \end{bmatrix}
$$

$$
= \begin{bmatrix} p_1 - t_1 \\ p_2 - t_2 \\ p_3 - t_3 \end{bmatrix} = \boldsymbol{p} - \boldsymbol{t}
$$

$\boldsymbol{G}$ はヤコビ行列 $\boldsymbol{J}$(Jacobian matrix) と呼ばれます。変数 j と偏微分したい関数 k の組み合わせについて偏導関数を配列した行列がヤコビ行列です。一般的にヤコビ行列は行数と列数の異なる矩形行列で定義され，ふつうは行列を転置した $\boldsymbol{G}'$ が使われます。ただし本節のディープラーニングの場合は，そのモデルの仕組みからして $\boldsymbol{p}$ と $\boldsymbol{y}$ の次数が等しく $\boldsymbol{G}$ が対称行列になります。そのため $\boldsymbol{G}' = \boldsymbol{G}$ です。

(5.8) 右辺の 2 番目の偏微分は (5.7) を $\boldsymbol{W}_2$（3 行 $L+1$ 列）で偏微分すればよいので，

$$
\frac{\partial \boldsymbol{y}}{\partial \boldsymbol{W}_2} = \frac{\partial}{\partial \boldsymbol{W}_2} \boldsymbol{W}_2 \boldsymbol{z}_{ex} = \boldsymbol{z}'_{ex}
$$

要素 (m, l) ごとに偏微分を書いているよりも，このように行列で偏微分すれば見通しがよくなります。結局 (5.8) の偏微分の結果は $\dfrac{\partial ent}{\partial \boldsymbol{W}_2} = \underset{3\times(L+1)}{(\boldsymbol{p} - \boldsymbol{t})\,\boldsymbol{z}'_{ex}}$ とまとめられます。予測値と教師信号の差に隠れ層からの出力を掛けているわけですから，4 章の $\boldsymbol{W}_2$ の偏微分 (4.6)′ と同じ結果になりました。

4 章と比べると損失関数を変え，出力層の活性化関数も変えたにもかかわらず損失関数の偏微分が同じになったことに読者は驚いたかもしれません。

予測値と教師信号の差とは誤差です。誤差なら計算も簡単だし，その意味も理解しやすいです。それだけでなく，交差エントロピーとソフトマックス関数を組み合わせた偏微分が量的な予測モデルの偏微分と一致した，というのは理論の一貫性を感じさせてくれます。

なおここまでは 1 人のデータについて偏微分を求めてきました。それを N 人全体に拡大するには $(\boldsymbol{P} - \boldsymbol{T}) \boldsymbol{Z}'_{ex}$ と書けばよいのです。簡単ですね。

【ウェイト $\boldsymbol{W}_1$】

次に入力層と隠れ層の間のウェイト $\boldsymbol{W}_1$ に関する偏微分を求めましょう。入力層と隠れ層の間のモデルは 4 章と同じです。

$\boldsymbol{W}_1$ の偏微分のために用いるウェイト $\boldsymbol{W}_2$ は，最後の列ベクトルをカットした $\boldsymbol{W}_2^b$ です。$\boldsymbol{W}_1$ による cross の偏微分を (5.10) に示します。

$$\frac{\partial cross}{\partial \boldsymbol{W}_1} = \left[(\boldsymbol{W}_2^b)'(\boldsymbol{P} - \boldsymbol{T}) \odot step(\boldsymbol{S}) \right] \boldsymbol{X}'_{ex} \qquad (5.10)$$

$step(\boldsymbol{S})$ は $\boldsymbol{S}$ の要素が正なら 1，それ以外は 0 をとるステップ関数で，これがレルー関数の微分です。(5.10) で $\odot$ と書いたのはアダマール積です。

参考までに量的な予測を行うディープラーニングでは (5.10) に対応する偏微分は下記の通りでした。

$$\frac{\partial esum}{\partial \boldsymbol{W}_1} = \left[(\boldsymbol{W}_2^b)'(\boldsymbol{Y} - \boldsymbol{T}) \odot \boldsymbol{Z} \odot (\boldsymbol{1}_L \boldsymbol{1}'_N - \boldsymbol{Z}) \right] \boldsymbol{X}'_{ex}$$

結局，(5.10) では量的な予測値の $\boldsymbol{Y}$ が購買ブランドの予測確率 $\boldsymbol{P}$ に置き換わり，隠れ層の活性化関数の偏微分がステップ関数に置き換わりました。前章のディープラーニングとの違いはそこだけです。

【計算プロセスの確認】

図 5.5 の上段のフローがフォワードのプロセスです。説明変数の観測値がいろいろな加工を経ながら購買ブランドの予測確率 $\boldsymbol{P}$ を導くまでの過程です。そこで教師信号と突き合わせて交差エントロピー cross が評価されます。

次に図 5.5 の下段では交差エントロピーをまずウェイト $\boldsymbol{W}_2$ で偏微分し，その次にウェイト $\boldsymbol{W}_1$ で偏微分してウェイトの更新方向を探っています。$\boldsymbol{W}_2$ で偏微分した結果の一部に $(\boldsymbol{P} - \boldsymbol{T})$ があって，その意味は予測値と教師信号の差です。それを「誤差」といえば確かに誤差です。そのため，ディープラーニングのバッ

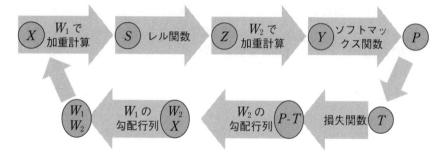

図 5.5 フォワードとバックワードの関係

クワードの過程は，誤差を出力側から入力側に逆伝播していく過程だ，という説明を見ることがあります。

一見魅惑的な解釈ですが，その誤差が途中のユニットにどう分配されながら入力側まで流れて最後はいくつになって終わるのか？などと想像すると謎は深まるばかりです。もっと単純に，ウェイトを修正するための偏微を連鎖律でつなげていっただけだ，と割り切る方がスッキリするのではないでしょうか。

5.4 │ Python でコーディング

さっそく，プログラムを動かして学習過程を確認してみましょう。フォワードとバックワードのプロセスを 1000 回繰り返して損失関数 *cross* が初期値より改善されるかを見てみます。

■ プログラムの確認

フォワードステップでは，最初に未知のパラメータに初期値を与える必要があります。初期値には標準正規分布の乱数を使うことにしました。また外部データとして表 5.3 の形式の $\underset{4 \times N}{\boldsymbol{X}}$ と $\underset{3 \times N}{\boldsymbol{T}}$ を入力しました。$N = 300$ です。$\boldsymbol{T}$ はダミー変数で表示しておきます。隠れ層のユニット数は特に定めはありませんが $L = 10$ としておきます。この先は次のように計算を進めます。

〔フォワードステップ〕

$$\underset{5 \times N}{\boldsymbol{X}_{ex}} = \begin{bmatrix} \boldsymbol{X} \\ \boldsymbol{1}'_N \end{bmatrix}$$

$$\underset{10\times N}{\boldsymbol{S}} = \underset{10\times 5}{\boldsymbol{W}_1} \underset{5\times N}{\boldsymbol{X}_{ex}} \quad \Rightarrow \quad \underset{10\times N}{\boldsymbol{Z}} = ReLU(\boldsymbol{S}) \quad \Rightarrow \quad \underset{11\times N}{\boldsymbol{Z}_{ex}} = \begin{bmatrix} \boldsymbol{Z} \\ \boldsymbol{1}'_N \end{bmatrix}$$

$$\underset{3\times N}{\boldsymbol{Y}} = \underset{3\times 11}{\boldsymbol{W}_2} \underset{11\times N}{\boldsymbol{Z}_{ex}} \quad \Rightarrow \quad \underset{3\times N}{\boldsymbol{P}} = softmax(\boldsymbol{Y})$$

ここで損失関数を評価します。

$$cross = -\frac{1}{N}\sum_{i=1}^{N}\sum_{j=1}^{3}\{t_{ij}\log(p_{ij})\}$$

〔バックワードステップ〕

$$\underset{3\times 11}{\frac{\partial cross}{\partial \boldsymbol{W}_2}} = (\boldsymbol{P}-\boldsymbol{T})\underset{N\times 11}{\boldsymbol{Z}'_{ex}}$$

$$\underset{10\times 5}{\frac{\partial cross}{\partial \boldsymbol{W}_1}} = \left[\left\{\underset{10\times 3}{(\boldsymbol{W}_2^b)'}\underset{3\times N}{(\boldsymbol{P}-\boldsymbol{T})}\right\} \odot \underset{10\times N}{step(\boldsymbol{S})}\right]\underset{N\times 5}{\boldsymbol{X}'_{ex}}$$

　バックワードステップの 2 行目に出てくる $\boldsymbol{W}_2$ ですが，初回のバックワードの計算ではまだ $\boldsymbol{W}_2$ を更新していないので，初期値をそのまま使います。ただし隠れ層での定数項は入力層へはリンクがつながらないので，$\boldsymbol{W}_2$ の最終列を削除した 3 行 10 列の $\boldsymbol{W}_2^b$ にトリミングします。それをさらに転置したのが $(\boldsymbol{W}_2^b)'$ です。

　最後に 2 つのパラメータ行列を更新します。右辺が更新式で左辺が更新結果です。ステップ幅の α を適宜設定して反復計算を行います。α としては本節では 0.001 を使いました。

$$\boldsymbol{W}_2 = \boldsymbol{W}_2 - \alpha\frac{\partial cross}{\partial \boldsymbol{W}_2}, \qquad \boldsymbol{W}_1 = \boldsymbol{W}_1 - \alpha\frac{\partial cross}{\partial \boldsymbol{W}_1}$$

〔フォワードステップ〕

　更新した $\boldsymbol{W}_1$, $\boldsymbol{W}_2$ を用いて再びイテレーションの箇所に戻る…という計算を反復します。

　さっそく購入ブランドのデータで確認してみましょう。ウェイトの初期値には正規乱数を用いました。乱数なので np.random.seed(1) などと乱数のシード (seed) を固定させない限り，乱数を発生させるたびに初期値は変わり，それに応じてウェイトの推定値も違ってきます。

■ Python のコード

　ここではデータ $\boldsymbol{X}$, $\boldsymbol{T}$ は入力済みとして学習プロセスの本体だけを説明しま

す。データの入出力法は次章で説明しますので，コンピュータでの演習も次章で
行います。

```python
# 5.4節 質的な3分類のディープラーニング
# データX,Tは入力済みとして学習プロセスの本体だけを示す

import numpy as np

# 関数の定義
def softmax(x):
    mx = x.max(axis=0)
    xd = x - mx
    u  = np.exp(xd)
    return (u / u.sum(axis=0))

def cross_e(t,p):
    delta = 1e-7
    return -np.mean(np.sum(t * np.log(p + delta),axis=0))

def ReLU(x):
    return np.maximum(0,x)

def step(x):
    return 1.0 * (x > 0)

N = 300 #分析ケース数，しばしば消費者の数
M = 3    #予測したいグループ数（ブランドやセグメントの数）
L = 10 #隠れ層ユニット数
K = 4    #説明変数の数

vec1 = np.ones((1,N))    #1を要素としたN次のベクトル
Xex  = np.vstack([X,vec1])

# ウェイト初期値
# 初期値をランダムに変更したい場合は下記の4行を実行
W1 = np.random.rand(L,K+1)    #新規乱数
W2 = np.random.rand(M,L+1)    #新規乱数
```

```
# ここからイテレーションスタート
for ite in range(1000):

# フォワードステップ
    S = W1 @ Xex
    Z = ReLU(S)
    Zex = np.vstack([Z,vec1 ])
    Y = W2 @ Zex
    P = softmax(Y)
    Dif = P - T
    cross = cross_e(T,P)     #損失関数

# バックワードステップ
    DW2 = Dif @ Zex.T
    W2b = W2[ : , :L]         #脚注7)
    DW1 = ((W2b.T @ Dif)*step(S)) @ Xex.T

# パラメータ更新 ステップ幅は0.001
    W1 = W1 - 0.001 * DW1
    W2 = W2 - 0.001 * DW2

# イテレーション終了後の適合度
print('イテレーション終了')
print('ite=',ite,'交差エントロピー=',cross)
```

■ ソフトマックス関数のコーディング

```
def softmax(x):
    mx = x.max(axis=0)
    xd = x - mx
    u  = np.exp(xd)
    return (u / u.sum(axis=0))
```

本節のプログラムは行列計算をそのまま Python のコードで書き写しただけなので，とくに技巧的な処理はありません。

ただ，ソフトマックス関数の定義は意味がわかりづらいかもしれないので，コードの意図を解説しましょう。

関数 softmax の引数 x は任意のオブジェクトですが，本節の事例では効用値を

---

7) W2b = W2[: , :L] は p.72 のコードの W2b=np.delete(W2, L, axis=1) とまったく同じ処理をします。同一の処理を違ったコードでもできる，という実例として書きました。

収めた 3 行 300 列の行列 Y を対象にします。最初の 2 行で，各列単位（つまり個人ごと）に最大値 mx を探して，原データから mx を引いて偏差化しています。各列の中から最大値を求めるために axis=0 という指定をしました。axis=1 なら各行（つまり 300 人）の中での最大値を探すことになります。

　統計分析ではデータから平均を引く平均偏差が常套手段ですが，上記の関数では最大値 mx を引いています。なぜ mx を引くかというと，巨大な効用値が出てきた時に，計算機がオーバーフローしないための予防策なのです。

　次に numpy の指数関数 np.exp( ) を使って xd を指数変換して u を求めています。最後に各列単位で構成比の計算を済ませなさい，と指定しています。axis=0 と指定して列ごとに u の合計 u.sum を求めているのはそのためです。

■　交差エントロピーの減少

　1000 回イテレーションをした結果，交差エントロピーは 1.131 から 0.017 まで減少しました。図 5.6 の通りです。

```
ite= 0 cross = 1.131
ite= 100 cross = 0.191
ite= 200 cross = 0.109
ite= 300 cross = 0.078
ite= 400 cross = 0.059
ite= 500 cross = 0.045
ite= 600 cross = 0.036
ite= 700 cross = 0.029
ite= 800 cross = 0.024
```

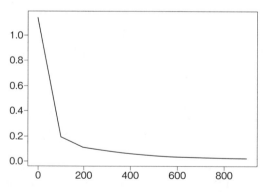

図 5.6　イテレーションによる cross の変化

```
ite= 900 cross = 0.020
ite= 999 cross = 0.017
```

　交差エントロピーはイテレーションの 0 回目と比べれば減りましたので，学習の効果はありました。けれども交差エントロピーの最小値が本当に 0.017 なのかどうかは分かりません。ウェイトの初期値に依存して局所的な最小値に収束しただけかもしれません。初期値をランダムに変えて探索の開始点を変えれば，*cross* は上がったり下がったり変動します。そのような試行錯誤をするには次のようにウェイト行列に乱数を与えてシミュレーションをすればよいのです。

```
W1 = np.random.rand(L,K+1)   #新規乱数
W2 = np.random.rand(M,L+1)   #新規乱数
```

　本章の Python のコードは，質的なディープラーニングの成り立ちを理解するための骨格部分にすぎません。実際に予測に使うためには，さらに手を加えるべき個所はあります。次の章で実務への導入に対処していきましょう。

コラム 1：シャノンの情報量

　シャノンの情報量によってどのブランドのファンなのかを知ることの情報量を測ってみましょう。女性を 1 人連れてきた時に，その人に関する説明変数が何もなければ経験的な相対度数で各グループの発生を予想するしかありません。たとえばバッグのブランド 4 つのシェアが仮に次の通りだったとしましょう。

$$\text{ルイヴィトン}\quad p(A) = 0.19, \qquad \text{プラダ}\quad p(B) = 0.15$$
$$\text{グッチ}\qquad\quad p(C) = 0.21, \qquad \text{エルメス}\quad p(D) = 0.45$$

するとシャノン流の情報量 H は，2 を底にした対数を使って

$$H = -(0.19 \log 0.19 + 0.15 \log 0.15 + 0.21 \log 0.21 + 0.45 \log 0.45) = 1.875$$

　なぜここでマイナスの符号が出てきたのかという理由は次のように説明できます。あるグループに該当するという情報の珍しさは $1/p$ に比例して大きくなるはずです。つまり稀な現象ほど情報が大きいと仮定するのです。その情報の対数をとってグループの相対度数を重みにして期待値をとったのが H です。対数の底は 2 としました。期待値というのは統計学の用語で，日常語で言えば平均のことです。ここ

では, $\log \dfrac{1}{A} = \log A^{-1} = -\log A$ という対数の性質を使って式を展開しています。

$$H = \sum_{m=1}^{M} p_m \log \frac{1}{p_m} = \sum_{m=1}^{M} (-p_m \log p_m) = -\sum_{m=1}^{M} (p_m \log p_m)$$

　シャノンの情報量では確率の逆数の対数をとっているのでマイナスが出てくるのです。4 つのグループが均等に生じるときに H は 2 になります。また起きる現象が 2 通りしかなく，それが五分五分だった場合は H は 1 になります。シャノンの情報量ではなぜ対数の底を 2 にしたかというと，Yes か No かが五分五分の事象の情報量が 1 になること，そしてその情報量を 1 ビットと呼べば分かりやすいというのが理由です。

　もっとも対数の底をいくつに設定しても $p \log(1/p)$ どうしで比をとれば比は一定です。ですから，対数の底は 2 にしても 10 を底にした常用対数にしても構いません。そこで数学的に扱いやすいネイピア数 e $(e = 2.71828\cdots)$ を底にした自然対数がよく用いられるのです。本章の交差エントロピーでも自然対数を使いました。

コラム 2：ディープラーニングの計算法

　隠れ層を複数入れた学習はディープラーニングと呼ばれます。ここでは 5.3 節のブランド選択のモデルを隠れ層を 2 つに拡張してみましょう。図 5.3 と同様に隠れ層に入力される行列を S, S の要素を非線形変換した行列を Z で示します。ウェイト W_1, W_2, W_3 の初期値には標準正規分布の乱数を使います。外部データは 5.3 節と同じく $\underset{4 \times N}{X}$ と $\underset{3 \times N}{T}$ であり N はデータ数です。隠れ層ごとにユニット数を変えても構いませんが，ここでは説明を単純にするためにユニット数を $L = 10$ と同数にしました。

〔入力データの加工〕

$$\underset{5 \times N}{X_{ex}} = \begin{bmatrix} X \\ 1'_N \end{bmatrix} \qquad \text{定数 1 を追加した入力行列には } ex \text{ をつけて区別します}$$

〔イテレーション開始〕

$$\underset{10 \times N}{S_1} = \underset{10 \times 55 \times N}{W_1 X_{ex}} \;\Rightarrow\; \underset{10 \times N}{Z_1} = \mathrm{ReLU}(S_1) \;\Rightarrow\; \underset{11 \times N}{Z_{1ex}} = \begin{bmatrix} Z_1 \\ 1'_N \end{bmatrix}$$

$$\underset{10\times N}{\boldsymbol{S}_2} = \underset{10\times 11}{\boldsymbol{W}_2} \underset{11\times N}{\boldsymbol{Z}_{1ex}} \quad \Rightarrow \quad \underset{10\times N}{\boldsymbol{Z}_2} = ReLU(\boldsymbol{S}_2) \quad \Rightarrow \quad \underset{11\times N}{\boldsymbol{Z}_{2ex}} = \begin{bmatrix} \boldsymbol{Z}_2 \\ \boldsymbol{1}'_N \end{bmatrix}$$

$$\underset{3\times N}{\boldsymbol{Y}} = \underset{3\times 11}{\boldsymbol{W}_3} \underset{11\times N}{\boldsymbol{Z}_{2ex}} \quad \Rightarrow \quad \underset{3\times N}{\boldsymbol{P}} = softmax(\boldsymbol{Y})$$

ここで損失関数を評価します。

$$cross = -\frac{1}{N}\sum_{i=1}^{N}\sum_{j=1}^{3}\{t_{ij}\log(p_{ij})\}$$

〔誤差的な行列の用意〕

多層化すると偏微分の連鎖が長くなり見かけが煩雑になります。そこで行列計算をスッキリさせるために各層ごとに次のような行列 $\boldsymbol{D}$ を導入して整理します。計算途中に出てくる $\boldsymbol{W}_3^b, \boldsymbol{W}_2^b$ の処理は4章と5章で解説した定数項カットです。

$$\underset{3\times N}{\boldsymbol{D}_3} = \boldsymbol{P} - \boldsymbol{T}$$

$$\underset{10\times N}{\boldsymbol{D}_2} = \left\{ \underset{10\times 3}{(\boldsymbol{W}_3^b)'} \boldsymbol{D}_3 \right\} \odot \underset{10\times N}{step(\boldsymbol{S}_2)}$$

$$\underset{10\times N}{\boldsymbol{D}_1} = \left\{ \underset{10\times 10}{(\boldsymbol{W}_2^b)'} \boldsymbol{D}_2 \right\} \odot \underset{10\times N}{step(\boldsymbol{S}_1)}$$

この3つの行列の間には $\boldsymbol{D}_3$ から $\boldsymbol{D}_2$ が求められ，その $\boldsymbol{D}_2$ から $\boldsymbol{D}_1$ が求められるという再帰的な関係があります。$\boldsymbol{D}_3$ は予測値 $\boldsymbol{P}$ と教師データ $\boldsymbol{T}$ の誤差なので意味は明白です。しかしその先の行列になると $\boldsymbol{D}_3 = \boldsymbol{D}_2 + \boldsymbol{D}_1$ と誤差が分解されるわけでもなく，$\boldsymbol{D}_2$ と $\boldsymbol{D}_1$ が誤差の大きさを表すという論拠は明白ではありません。そこで $\boldsymbol{D}_2$ と $\boldsymbol{D}_1$ は誤差と何らかの関連がある行列だと広義に解釈しましょう。たんに行列の積を手短に表現しただけだ，と割り切って構わないと思います。見かけはともかく4章と5章で述べた偏微分の連鎖律を実行しているという計算の実態は変わりありません。

〔バックワードプロセス〕

$$\underset{3\times 11}{\frac{\partial cross}{\partial \boldsymbol{W}_3}} = \underset{3\times N}{\boldsymbol{D}_3} \underset{N\times 11}{\boldsymbol{Z}'_{2ex}}$$

$$\underset{10\times 11}{\frac{\partial cross}{\partial \boldsymbol{W}_2}} = \underset{10\times N}{\boldsymbol{D}_2} \underset{N\times 11}{\boldsymbol{Z}'_{1ex}}$$

$$\frac{\partial cross}{\partial \mathop{\boldsymbol{W}_1}\limits_{10\times 5}} = \mathop{\boldsymbol{D}_1}\limits_{10\times N} \mathop{\boldsymbol{X}'_{ex}}\limits_{N\times 5}$$

　各層の $\boldsymbol{D}$ に各層への入力データを掛けるという同じ作業を繰り返すだけで勾配
行列が求められます。最後に 3 つのパラメータ行列を更新します。

$$\boldsymbol{W}_3 = \boldsymbol{W}_3 - \alpha\frac{\partial cross}{\partial \boldsymbol{W}_3}, \quad \boldsymbol{W}_2 = \boldsymbol{W}_2 - \alpha\frac{\partial cross}{\partial \boldsymbol{W}_2}, \quad \boldsymbol{W}_1 = \boldsymbol{W}_1 - \alpha\frac{\partial cross}{\partial \boldsymbol{W}_1}$$

〔イテレーション〕

　更新した $\boldsymbol{W}_1, \boldsymbol{W}_2, \boldsymbol{W}_3$ を用いて再び最初に戻る…という計算を反復します。5.4
節の Python のコードを修正するのは簡単なことです。実務では隠れ層を 100 以上
に多層化したディープラーニングが使われますが，ここで述べた方法を繰り返すだ
けなので原理は同じです。

## 第 6 章

学習結果の適用

　5章までで機械がデータから学習する様子を見てきました。教師信号が量的な場合も質的な場合も，学習することで損失関数を初期値より小さくすることができました。ですから学習が進んだことは間違いありません。けれども実社会，とりわけビジネスの社会からすれば機械に学習をさせることが学習の目的ではありません。学んだことを新しいデータに適用できる機能こそが肝心で，そのためにはどうすればよいかが問われるのです。

　本章では，学習結果を適用するためのプロセスを説明します。ざっくり言えばフォワードのプロセスをどのように適用するかです。

　適用にあたっては予測が上手くできたのか，そうでもないのかが疑問になります。質的な分類課題ならば，当たったかどうかが判断しやすいので，本章では質的な分類のモデルを使って説明しましょう。質的な分類には統計学ではこれまで判別分析が利用されてきました。そこで同一のデータに判別分析とディープラーニングを使い比べてみます。ディープラーニングが新しい方法だというなら既存の方法と比べるのは当たり前のことですが，その当たり前のことをしているテキストをあまり見ません。また実務に適用するためには，外部のデータの利用も大事になります。具体的には外部のデータファイルを Python に読み込む処理が重要になります。ディープラーニングを実践に導入していくのが本章の狙いです。

6.1 | 予測フェーズ

　ディープラーニングの学習フェーズは済んだとして，次に学習したウェイトパラメータを使ってグループを予測するフェーズに進みましょう。

■ 予測フェーズの流れ

　予測フェーズの流れを図6.1に示します。まずネットワークモデルを記述します。具体的にはフォワードステップを記述するわけです。次に学習の済んだウェ

イト **W** を読み込んでおきます。

　説明変数は複数のデータを一括して入力して処理する
場合とデータを1件ずつ処理する場合に分かれます。前
者の場合は行列を，後者の場合はベクトルを読み込みま
す。ディープラーニングの実務では，1人の顧客ごとに
予測値を出して顧客対応を即決したいことが多いでしょ
う。行列とベクトルのどちらの場合でも1つのプログラ
ムで対応できるように汎用性のあるコードを書くことに
します。

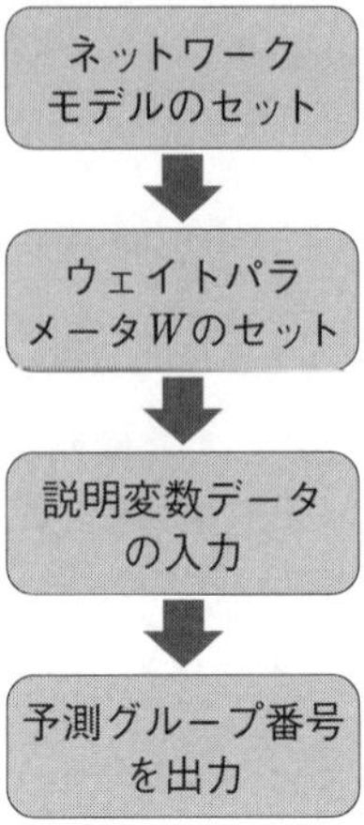

■　ウェイトパラメータをセットするには

　学習フェーズが済んだとして，その時のウェイト W_1
と W_2 を保存しておきます。そして予測フェーズでは，
その保存しておいた最新版の W_1，W_2 を Python に読
み込んで新規データに適用するのです。

図 6.1　予測の流れ

　W_1 と W_2 の値をなぜコード内に書き込まないかというと，学習データが追加
されるにつれ，そして時代が移り変わるにつれて W_1，W_2 の値が変化していく
からです。つまり予測プログラム内にパラメータ W_1，W_2 を書いておくよりも，
アップデート版のウェイト値を読み込む運用法がよいのです。モデルとパラメー
タを分離して保存するのはそのためです。

　ウェイトはファイルに出力しても構いませんが，次の方法で保存するのが手軽
です。学習フェーズの終了時に Python で次の2行を実行します。

```
print('W1=',W1)
print('W2=',W2)
```

　コンソールパネルに出力されたウェイトパラメータを予測のコード内にペース
トすればよいのです。ただしその場合は，データの区切りと配列の区切りにカン
マを入れるという修正が必要です。p.111 で具体例を見てもらいます。

■　グループ番号の予測値を出力する

　学習済みのモデルを現実社会に適用する場面では，入手できるのは説明変数だ
けであって教師信号は入手できません。教師信号が分かっているくらいなら予測
モデルは要らないからです。したがって適用場面では，図 6.2 に示すように予測

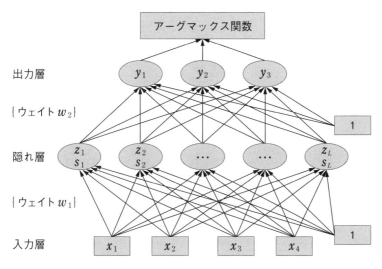

図 **6.2**　ネットワークモデルの適用段階

値を出力するまででプロセスを終えます。しかも質的な分類を目的にするなら効用 y までで十分で，確率 p への変換は不要です。なぜなら，y の値の大きさ順と p の値の大きさ順は一致するからです。数学では y と p は単調増加の関係にあるといいます。y にもとづいて予測結果を出すのに次のアーグマックス (argmax) 関数が利用できます。

■　アーグマックス関数

```
"""
アーグマックス関数
予測フェーズにおいては説明変数データしか利用できない
アーグマックス関数でグループ番号を出力する
"""
group = np.argmax(Y, axis=0)+1
```

　アーグマックス関数については既に 3.3 節で紹介しましたが，ここでは Python のコードと対照しながら具体的に説明します。たとえば行列 Y が次の通りだったとしましょう。アミをかけたのが 1 番目の顧客の効用ベクトル y です。

$$Y = \begin{bmatrix} -3.5 & 20.3 & -8.7 & -9.7 & 18.1 & -3.4 & \cdots \\ 6.6 & 12.8 & 7.7 & 8.3 & 11.5 & 7.7 & \cdots \\ 4.0 & -18.4 & 12.7 & 15.2 & -15.5 & 3.8 & \cdots \end{bmatrix}$$

すると np.argmax(Y, axis=0) という関数を実行すると次の配列を返します。np は numpy の略です。

$$group = \begin{pmatrix} 1 & 0 & 2 & 2 & 0 & 1 & \cdots \end{pmatrix}$$

axis=0 は各列単位で要素を比べよという指定です。たとえば第 1 列のベクトルを見ると $-3.5, 6.6, 4.0$ なので 2 番目の 6.6 が最大です。ですから最初の人は 2 番目のグループに所属する，というのがディープラーニングによる予測です。それなのに *group* の最初の返り値が 1 になっているわけは，Python が配列を 0 から勘定することにしていて，Y の行番号を 0, 1, 2 と振っているからです。これは線形代数の標準的な記法ではなく，あくまでも Python のローカルルールです。

そこで上の囲みのコードのように np.argmax(Y, axis=0)+1 と番号にすべて 1 を追加することで，人間にとって分かりやすい予測値に直しているのです。

$$group = \begin{pmatrix} 2 & 1 & 3 & 3 & 1 & 2 & \cdots \end{pmatrix}$$

■ **予測フェーズの Python コード**

5.3 節の質的分類の例にそって予測のための Python コードを示しましょう。データは消費者 1 人分のデータを入力して実行すると，その人がどのブランド購入者かというグループ分けを出力するコードになっています。

学習フェーズと比べると予測フェーズはとても手短かな処理です。はじめにその消費者の 4 つの説明変数のデータを配列 X として入力します。Xex = np.append(X,[1]) は，配列の最後に定数の 1 を追加する numpy の関数です。

予測フェーズで定義する関数は ReLU だけです。ウェイト W_1, W_2 は保存していた数値を貼りこんでいます。学習経過によってウェイトは異なるかもしれませんし，日々アップデートするのが当然のパラメータです。予測の本体は最後の 6 行のコードで済みます。

囲みの例のように，X のデータとして [0.68,0.67,0.23,0.54] を入力して予測グループを出力すると，【予測されるグループは 1】と出力されました。この予測結果は前章の表 5.3 の最初の消費者の説明変数データと，購入ブランドが A であ

るという教師データと符合しています。

```python
# 6.1節 予測のためのPythonコード
# 予測フェーズにおいては説明変数データだけを入力して
# アーグマックス関数でグループ番号を出力する
import numpy as np
X = np.array([0.68,0.67,0.23,0.54])
Xex = np.append(X,[1])
# 関数の定義

def ReLU(x):
    return np.maximum(0,x)
# コピーしたウェイトを貼り付けて修正する
W1=np.array([[ 0.228,  0.506,  0.034,  0.164,  0.787],
  [-0.075,  0.556, -1.377, -0.318,  2.223],
  [ 0.166,  0.995, -2.477, -0.611,  3.565],
  [-0.039, -0.198,  0.048,  0.708,  0.905],
  [ 0.348, -0.547,  2.003,  1.21,  -0.762],
  [ 0.345,  0.004,  1.106,  0.521, -0.774],
  [ 0.714, -0.139,  2.102,  1.413, -1.707],
  [ 0.235,  0.013,  0.69,   0.305,  0.223],
  [ 0.02,   0.361,  0.321,  0.081, -0.146],
  [ 0.051, -0.175,  0.35,   0.865, -0.035]])
W2=np.array([[0.5, 1.6, 2.784, 0.17, -1.588, -0.669, -1.674, -0.202,
  0.274, -0.457, 1.097],
  [ 0.351, 0.823, 1.01, 1.099, 0.516,-0.021, -0.372, 0.459,
  0.115, 0.561, 0.871],
  [-0.327, -1.965, -3.316, -0.181, 1.852, 1.358, 2.59, 0.388,
  0.533, 0.389, -1.581]])
# 予測を実行する
S = W1 @ Xex
Z = ReLU(S)
Zex= np.append(Z,[1])
Y = W2 @ Zex
group = np.argmax(Y)+1
print("予測されるグループは",group)
```

6.2 | 予測は適中するか

■ 学習データとの適合

　現実の社会では，ディープラーニングの予測が正しいかどうかを予測時点で評価することができません。教師信号がないからです。そこでとりあえず教師信号が分かっている学習データについて，group という予測値が教師信号と一致するかを見てみましょう。そのためのコードを次に示します。

```
# 購入ブランドの記録データをbrand とする
import pandas as pd
brand = df.iloc[0:300,4].values
accuracy = np.sum(group == brand)/N
```

　最初に pandas というデータ編集用のモジュールを読み込んでいます。このモジュールを使って 300 人のブランドデータを読み込んで df という名前の配列を用意しておきます。なお本節のコードの実行ファイルと分析データは「6.2 節ブランド予測と精度の実行.py」および「branddata300.csv」として出版社の WEB にアップしました。実行プログラムの内容は p.100 のコードにデータの入出力を追加したものです。データを入力する箇所については後の 6.4 節のデータハンドリングでまとめて解説します。

　2 行目では購入ブランド A,B,C を 1,2,3 という数値で読み込むことにして，その配列を brand と名付けます。配列の要素が文字として扱われていた場合でも，brand = 該当配列名.values と指定することで数値として扱うことができます。

　上のコードにおける np.sum(group == brand) という命令の意味は，() 内の論理的な関係が成りたつ場合，つまり予測グループ番号と教師信号が一致した場合だけ 1 として，それを集計せよ，ということを意味します。一致しない場合はカウントしません。

　学習用のデータでは 300 回一致していました。それをデータ数 $N = 300$ で割ると結果は次のようになります。

```
accuracy=1.0
```

　accuracy は予測精度とか正確性として理解できる指標です。accuracy ではな

く適中率という意味で hit と名づけても構いません。プログラムの利用者にとっ
て理解しやすいオブジェクト名をつければよいと思います。

■ 予測の外れを知る

前章の分析シナリオをあらためていえば，300 人の消費者の購入ブランドを予
測することでした。ふつうは予測の外れも出てくるので，それがどこで外れたか
を知るのが次のコードです。

```
# 予測グループと購買ブランドのクロス集計
print(pd.crosstab(brand,group))
```

クロス集計した結果，次のようなクロス集計表が得られました。

```
col_0    1     2     3
row_0
1      100     0     0
2        0   100     0
3        0     0   100
```

このクロス集計表の対角線要素は予測と実際が一致したケースです。計算すると

$$\frac{100 + 100 + 100}{300} = 1.0$$

で，これが accuracy の意味でした。

さて accuracy といっても，機械が学習のために使用したデータを当てただけ
のことなので，「内的整合性」を記述したにすぎません。将来現れる新しいデータ
に対しても 100%の適中を約束しているわけではありません。

手元のデータも当てられないようでは，新しいデータが予測できるわけないで
しょ？というくらいの控え目なとらえ方でよいと思います。新しいデータについ
ては教師信号が将来明らかになるまでは，真の accuracy がどうなるかは誰にも
分かりません。

6.3 | 判別分析と比べる

多変量解析の中に判別分析という一群の分析法があります。グループが 3 つ以
上の場合は重判別分析といいます。その 1 つの解法は各グループの重心からのマ

ハラノビスの汎距離を計算して新しい対象を近いグループに分類します[1]。重判別分析は前提条件が複雑ですので，この節では単純な2群の場合をとりあげます。フィッシャーの線形判別関数という方法で，これも有名な方法です。

判別分析とは何か

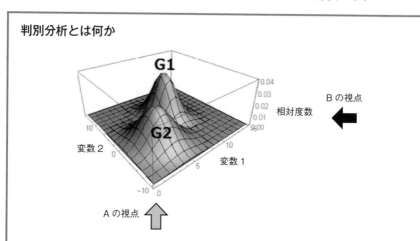

判別分析はグループが複数あって，未知の対象がそのどれに属するかを分類するための統計分析法です。上図はG1, G2という集団が分布していて，説明変数1と2を使って所属集団を判定しようとしています。縦座標は相対度数の大きさを表します。Aの視点から眺めると2つの山は重なって区別できません。しかし右に回ってBの方向から眺めれば次のように分離できるはずです。

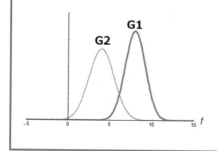

Bの方向から見て左右方向に広がる新しい直線 f にそって判定すれば，右にいくほどG1に入ると判定できるでしょう。判別分析はフィッシャーの線形判別関数に始まりその後，3つ以上の群を判別する重判別分析へと拡張しています。

分析データはわざと線形分離できないデータを対象にしました。本当に判別分析では通用しなくて，ディープラーニングならうまく予測できることを，理屈で

---

1)　重判別分析の解法は他にもあります。奥行きも広がりもある方法です。

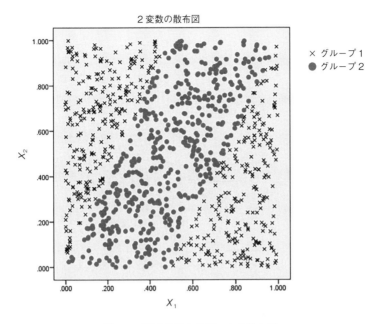

図 6.3　判別分析するデータの散布図

はなく実際に確かめたいと思います。

■　**データの構造**

　図 6.3 が本節のデータ構造を表しています。説明変数は X_1 と X_2 の 2 つで教師信号 T はグループ 1 と 2 の 2 つです。多変量解析では教師信号ではなく基準変数とか目的変数と呼ぶのが普通です。

　データのプロット位置は X_1, X_2 とも区間〔0,1〕の一様乱数で 1000 個の点がプロットされています。グループの位置は中央左下から右上へのゾーンにグループ 2 が分布して，それ以外の領域にグループ 1 が分布しています。グループ 1 と 2 の構成比はほぼ半々ですが，グループ 1 が 50.9％とやや多くなっています。

表 6.1 判別分析の予測精度

予測グループ番号

		T	1	2	合計
教師データ	度数	1	263	246	509
		2	233	258	491
	%	1	51.7	48.3	100.0
		2	47.5	52.5	100.0

■ 判別分析の結果

適当な統計分析のソフト[2] を使って分析すると，次のフィッシャーの線形判別関数が得られます。

$$f = 5.719X_1 + 6.061X_2 - 3.594 \tag{6.1}$$

f が正ならグループ2に，負ならグループ1に判別するという判定法です。予測の精度は表6.1のようになりました。

$accuracy = \dfrac{263 + 258}{1000} = 0.521$ なので判別分析をした価値はわずかです。なぜなら X_1，X_2 の情報をまったく利用しなくても，全員を人数の多いグループ1だと予測すれば50.9%は正答になるからです。

■ ディープラーニング

図6.3のデータを次の条件で機械に学習させました。

```
N = 1000 #分析ケース数，しばしば消費者の数
M = 2    #分類したいカテゴリー数
L = 10   #隠れ層のユニット数
K = 2    #説明変数の数
```

1000回イテレーションした結果は図6.4の通り交差エントロピーが0.854から0.053に下がりました。

また予測精度は表6.2から0.977と計算されます。

$$accuracy = \dfrac{509 + 468}{1000} = 0.977$$

---

2) 本節では IBM Statistics を使いました。朝倉書店の Web に Hanbetu.csv として分析データをアップしました。もし手元に何らかの統計プログラムがありましたら判別分析を試してください。統計プログラムによる違いはほぼないでしょう。

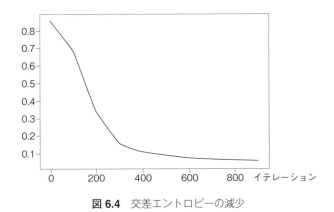

図 6.4 交差エントロピーの減少

表 6.2 ディープラーニングの予測精度

	T	予測グループ		
		グループ 1	グループ 2	合計
教師データ	グループ 1	509	0	509
	グループ 2	23	468	491
	合計	532	468	1000

　本節では線形モデルでは予測しづらいデータをあえて作ったのですから，判別分析では予測できなくてディープラーニングなら予測できるという結果になったのは当然です。その当然のことをデータで実際に確かめたことに意味があると思います。読者が実感と納得を得ることが大切だからです。

6.4 データハンドリング

　この節では，質的な分類を学習するための Python の全コードを解説します。とくに外部のデータファイルを読み込んで分析用に加工するデータハンドリングの部分を理解してください。学習フェーズですので，最後には損失関数のグラフ描きと予測精度の計算をして終了にします。プログラム全体を 5 つのブロックに分けて，6.3 節の判別問題にそったコードを説明します。

　ブロックに分けたのはあくまでも解説の都合によるくくりです。Python はコンパイル言語ではなくてインタープリターですので，命令ごとに実行できます。コードを少しずつ実行してコンソール画面でアウトプットを確かめていく方がコード

への理解が進むでしょう。

■ 必要なライブラリの読み込みと関数およびモデルの記述

```python
import numpy as np
import pandas as pd
import matplotlib.pyplot as plt
np.set_printoptions(precision=3,suppress=True )
# 関数の定義
def softmax(x):
    mx = x.max(axis=0)
    xd = x - mx
    u =np.exp(xd)
    return (u / u.sum(axis=0))

def cross_e(t,p):
    delta = 1e-7
    return -np.mean(np.sum(t * np.log(p + delta),axis=0))

def ReLU(x):
    return np.maximum(0,x)

def step(x):
    return 1.0 * (x > 0)

# ネットワークモデルの記述
N = 1000 #分析ケース数, しばしば消費者の数
M = 2     #分類したいグループ数
L = 10    #隠れ層のユニット数
K = 2     #説明変数の数
```

　最後の4行でネットワークモデルの記述のために配列の次数を宣言しています。分析したいケース数，分類したいグループ数，隠れ層のユニット数，説明変数の数を指定します。分類したいグループ数は利用目的から，説明変数の数は入手できる情報から決まるのがふつうです。隠れ層のユニット数は損失関数の収束状況をみながら増やしたり減らしたり試行錯誤することがあります。

■ 外部のデータファイルの読み込みと加工

```
"""
説明変数データと教師データをまとめて入力したい
教師データはグループ番号のまま入力しプログラム内で
ダミー変数に変換する
データ行列は外部ファイルを転置しなければならない場合が多い
"""
df = pd.read_csv('Hanbetu.csv',header=None)
ttt = df.iloc[0:1000,2].astype(str)
Tdata = pd.get_dummies(ttt)
Td = np.array(Tdata)
T = Td.T
Xdata = df.iloc[0:1000,0:2].values
X = Xdata.T


vec1 = np.ones((1,N))    #1 を要素としたN次のベクトル
Xex  = np.vstack([X,vec1])
```

Python の作業ディレクトリにファイル名.csv というデータファイルを置いた
として,それを Python に読み込んで加工を行います。本章のデータファイル名
は Hanbetu.csv としました。

Hanbetu.csv は 1000 行 3 列からできていて,最初の 2 列が説明変数で 3 列目
がグループ番号を記録した教師データです。分析前に次の 3 通りの加工をするこ
とが多いと思います。

1) 全データを説明変数 X と教師データ T に分割すること
2) 教師信号をダミー変数のデータ行列で表現すること
3) 行列 X と T を転置すること

ディープラーニングの専用パッケージを使えば教師データをダミー変数に変換
する処理を自動で行います。しかしここでは,Python の標準的な関数だけで自
分がやりたい作業をしてみようと思います。そこで使うのが pandas というデー
タ編集に適したモジュールです。上記のコードのように,

pd.read_csv

という pandas の関数を使って df という名称のデータフレームを作ります。そしてグループ番号を数値から次の命令で文字データに変更します。

```
ttt = df.iloc[0:1000,3].astype(str)
```

str はストリングつまり文字列に直して ttt というオブジェクトを作るコードです。df.iloc[0:1000,3] データフレーム内のロケーションで 0 から始まり 999 行までがデータ数を表します。Python の配列番号は 0 から始まり，最後の 1000 の 1 つ前までを対象にするという，人を混乱させる記法になっています。1 行で始まり 1000 行で終わる書き方の方が分かりやすいことは言うまでもありません。しかしここは Python の文法に従うしかありません。

■ イテレーションの事前準備

```
# テストごとに初期値をリセット
crosshist = np.zeros((0,2))    #イテレーション前に記録を初期化する

# ウェイト初期値
# 初期値をランダムに変更したい場合は下記の4 行を実行
W1 = np.random.rand(L,K+1) #新規乱数
W2 = np.random.rand(M,L+1) #新規乱数
W1 = W1/np.sqrt(K/2)
W2 = W2/np.sqrt(L/2)
```

これが学習の最終準備です。ウェイト行列の要素として標準正規分布に従う乱数を発生させます。標準正規分布は平均が 0 で分散が 1 です。けれどもそれでは乱数の散らばりが大きくなりすぎる，という経験則があり，ウェイト行列の列数に応じて分布を狭めます。

それが np.sqrt(K/2) で割るという操作です。$\sqrt{\dfrac{K}{2}}$ で割るということは，説明変数が多いほど乱数の分散を小さくさせることを意味します。隠れ層についてもユニットが多い場合は $\sqrt{\dfrac{L}{2}}$ で割っておきます。この調整によって，ウェイトの初期値がそれぞれ 0 に向かって収縮することになります。この初期化が「He の規準化 (He normal)」です。He は「彼が」ではなくて研究者の名前です。

■ イテレーションの実行とモニター

```python
# ここからイテレーションスタート
for ite in range(1000):

# フォワードステップ
    S = W1 @ Xex
    Z = ReLU(S)
    Zex= np.vstack([Z,vec1 ])
    Y = W2 @ Zex
    P = softmax(Y)
    Dif = P - T
    cross = cross_e(T,P) #損失関数

# イテレーションの途中で損失関数を記録
    if ite % 100 == 0:
        cross = cross_e(T,P) #損失関数
        crosshist=np.vstack((crosshist,np.array([ite,cross])))
        print ( "ite= %d cross = %.3f" %(ite, cross))

# バックワードステップ
    DW2 = Dif @ Zex.T
    W2b = np.delete(W2,L,axis=1)
    DW1 = ((W2b.T @ Dif)*step(S)) @ Xex.T

# パラメータ更新 ステップ幅は0.001
    W1 = W1 - 0.001 * DW1
    W2 = W2 - 0.001 * DW2

print('イテレーション終了')
```

　上のコードが，ディープラーニングの本体です。for ite in range(1000): の () 内だけユーザーが入力するようにしました。() 内にユーザーがイテレーションしたい回数を入力します。for ite in range(1000):で始まるイテレーションの処理範囲は，インデントといってすべて頭下げします。途中で if の条件部分があってさらに頭下げします。ですから上記のコードには 2 段階インデン

トが入っているのです。

　フォワードステップは囲み内の 6 行のコードがその内容です。その後，交差エントロピーを計算します。なお 1000 回損失関数を記録するのは詳細すぎますので，次のように間引きして記録します。

```
# イテレーションの途中で損失関数を記録
    if ite % 100 == 0:
```

　上記のコードは 100 回に 1 回記録していますが，50 回に 1 回にしたければ，`50 == 0:` と直してください。

　バックワードステップは 3 行のコードで済みますので，フォワードより簡単です。その後，ウェイトパラメータを更新して，このイテレーションの最初の `for ite in range(1000):` に戻ります。

　このブロックのコード全体を選択して実行ボタンを押せば繰り返し計算を始めます。そしてイテレーションで指定した回数だけ実行すると，反復計算を終了して終了処理に進むようにプログラムを作りました。

　いつイテレーションを終了するかについては，他の考え方も可能です。損失関数の *cross* が一定値より小さくなったらイテレーションを打ち切る，という方針もありますし，ある一定回数同じ *cross* の値で動かなくなったらイテレーションを打ち切る，という方針もあります。

　では何回で打ち切ればよいのかという理論的な正解はありません。というのはディープラーニングでは，かなり多数回，同じ *cross* 値に留まっていても，突然*cross* が下がり出すことがあるからです。ですからこの打ち切り基準は，大雑把な経験則といえるのです。

■　終了処理

```
# イテレーション終了後の適合度

print('ite=',ite,'交差エントロピー=',cross)
# ウェイトの最終推定値
print('W1=',W1)
print('W2=',W2)

# イテレーション後に学習曲線を描画
```

```
plt.plot(crosshist[0:,0],crosshist[0:,1])
plt.show()

# アーグマックス関数でグループの予測値を出力する
group = np.argmax(Y, axis=0)+1
# 教師データをGとする
G = df.iloc[0:1000,2].values
accuracy = np.sum(group == G)/N
# 予測グループと真のブランドファンの間でクロス集計
print(pd.crosstab(G,group))
```

　イテレーション後の学習曲線をグラフに描いて収束状況を検討します。上の囲みの後半では質的分類の精度も計算しています。クロス集計についていえば，

```
print(pd.crosstab(G,group))
```

は表側に教師データが来るテーブルになりますが，表側側に予測グループを置きたければ print(pd.crosstab(group ,G)) と引数の順番を入れ替えればよいのです。

　6.3 節の事例の場合 accuracy は 0.977 でした。とはいえ乱数から出発してイテレーションしているのですから，乱数を与えるたびに accuracy は微細に変動します。

　細かな違いがなぜ生じるのかは細かな問題ではなくて重大な問題です。この問題は次章でとりあげます。

コラム：ディープラーニングの様々なモデル

　本書では教師データがある場合に限定してディープラーニングのモデルを紹介しました。教師データが量的な場合を 4 章で，教師データが質的な場合を 5 章で扱いました。それ以外にも教師データのない場合は，低次元の空間に入力データを圧縮する自己符号化器というモデルもあります。

　入力データを X としますとネットワーク f によって変数が少ない潜在変数 Z に変換します。次に潜在変数 Z をネットワーク g によって出力データ Y に変換します。$Y = g(Z) = g(f(X))$ です。ここで X と Y の距離を測って損失関数 L を定義

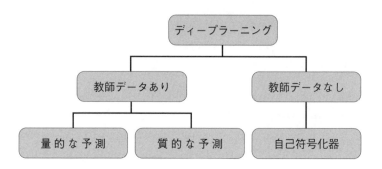

して，それを最小化しようという作戦です。従来の多変量解析では多変量データを情報圧縮して低次元に整理する主成分分析という方法がよく使われてきました。けれども予測したい基準変数がないものですから，どういう主成分だったらよい主成分なのかという明快な根拠がありませんでした。その点，自己符号化器は入力データをエンコードするまでは主成分分析と似ていますが，その後デコードして X が復元できればよいという分かりやすい判断基準が得られます。自己符号化器は興味深いモデルです。

## 第 7 章

機械学習を成功させる工夫

　前章まででディープラーニングが稼働する基本的な仕組みは理解できたと思います。7章ではこれまで積み残しになってきた疑問に答えていきます。ディープラーニングは解析的な意味での解が導けないので，モヤモヤした疑問がすべてクリアーになるわけではありません。泥臭いチューニングが必要になる場合もあります。最後にディープラーニング専用のソフトウェアのメリットと，初心者はソフトウェアとどう向き合えばよいのかという姿勢について述べます。ディープラーニングの応用事例は次章で取り上げます。

7.1 過学習と予測の妥当性

　モデルの中で自由に調整できるパラメータを増やせば，一般的に誤差は小さくなってモデルはデータにフィットするようになります。パラメータと誤差の関係は伝統的な統計分析もディープラーニングも同じです。ではモデルがデータに正確にフィットしてなぜいけないのか，という素朴な疑問に答えるのが本節です。

■　過学習ということ

　過学習（オーバーラーニング）というのは，学習をさせ過ぎた結果，学習フェーズではモデルがデータに適合する一方で，学習結果を新しいデータに適用するフェーズではパフォーマンスが落ちることをいいます。

　学習用のデータの細部までモデルをぴったりと適合させた結果，過剰適合を起こすのです。モデルを適合させるとはデータに合うようにパラメータを調整することをいいます。ディープラーニングの場合はユニット間のウェイトがパラメータでした。

　重回帰分析の場合は推定すべきパラメータの数は説明変数の数を p とすればそれに定数を加えた $p+1$ 個になります。3.2節で紹介した共分散構造分析 (SEM) の場合は，潜在変数の間のパスをどう設定するかでパラメータの数は増減します。

観測データから計算される共分散の数よりもパラメータが多くなると「飽和モデル」と呼ばれるモデルになってモデルは観測データにパーフェクトに適合します。ディープラーニングの場合は隠れ層を数百も入れるとユニットを結ぶリンクが数十万にもなってパラメータ数が急増します。学習に使うデータ数よりもパラメータ数が多くなることも稀ではありません。パラメータを増やせば学習用のデータにモデルが適合するのは当たり前です。ここまでの評価をクローズド評価といいます。問題は学習で使わなかった新規データに対しても予測できるのかという一般化の能力です。これを汎化性能 (generalization) ともいいます。

■ 予測的妥当性

では新規データに対する予測力をどう測ればよいかが疑問になるでしょう。ディープラーニングでは通常，図7.1のように分析データを予め分割して予測的妥当性を検証します。この手続きはクロスバリデーション (cross validation) とも呼ばれます。図中の DL はディープラーニングの略です。

図7.1のフローの左側は，4章と5章で示したような方法で学習を行い，ウェイト W を導くまでのプロセスを表します。その後，検証用データに推定後のウェイト W を適用して予測性能を評価します。これをオープン評価と呼びます。このプロセスの具体的な中身は6.1章で説明した予測フェーズと同じなので，クロスバリデーション専用に新しくプログラムを作る必要はありません。

さて，以上の検証のためには分析データを学習用と検証用に2分する必要があります。学習用と同じ意味で訓練用とも言います。通常はランダムに分析データをスプリットします。分ける割合に正解はないのですが，通常は7割が学習，3割

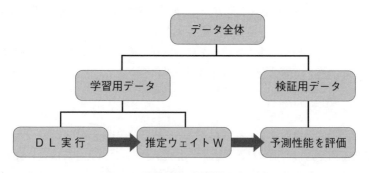

図7.1 学習結果の予測性能を測る

が検証くらいに分けます。1万のデータなら7千件と3千件です。ディープラーニング専用に作られたパッケージソフトなら予測性能の評価機能が組みこまれていますので，コンピュータ任せで予測的妥当性を算出してくれます。

クロスバリデーションという方法はディープラーニングの世界で新たに開発された方法ではなく，新しいワクチンの有効性の検証，新しい製造システムの効果検証その他さまざまな分野で昔から採用されてきた手続きです[1]。

7.2 ミニバッチはなぜ必要か

6章では初期値を変えて計算すると損失関数の収束値が変わる，という話をしました。なぜ何千回，何万回イテレーションしても同じ値に収束しないのかが不思議になると思います。ディープラーニングには最適解を確実に導く方法はないし，収束値が最小値なのかどうかも判定できない，という根源的な問題があるのです。

■ 複雑な損失関数

図7.2の概念図を見てください。図7.2は横座標がウェイトで縦座標にウェイトの関数としての損失関数をとった概念図です。図解の目的でウェイトの値を直線で描きましたが，本当はウェイトは多数あるので解空間は多次元です。関数の

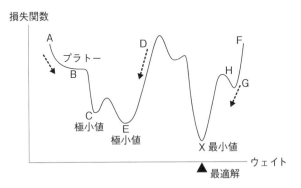

図 7.2 最適化の難しさ

値が最小値をとるときのウェイトを最適解といいますが，この最適解も本当はスカラーではなくてベクトルです。

　さて最急降下法で最小値を探索しようとしても最適解にたどり着くとは限らないことをこの図で説明しましょう。

1) まず左手の A 地点から山を下り始めるとします。B 地点で損失関数が平たんになる場所に出ます。この平たんな場所をプラトーと呼びます。偏微分がほぼ 0 ですからウェイトの更新方向がみつかりません。この状態を「勾配消失」とも言います。この B 地点に停留してウェイトの更新ができないことがあります。損失関数がもう下がらなくなることを「収束した」といいます。

2) プラトーをさまよっているうちに，幸い損失関数が下がり出すこともあります。しかしその場合も C 地点で極小値に達してそこで収束するかもしれません。くぼ地から抜け出せないケースです。分析者には損失関数の全体像がつかめませんから，このようなくぼ地が全体でいくつあるかも分かりません。

3) ウェイトの初期値を変えるということは，この図の別の地点からイテレーションを始めることを意味します。D から出発すると山を左に降りるでしょうから，E の極小値でイテレーションを終える可能性が大です。

4) 図の右端の F 地点から山を降りた場合を考えましょう。G 地点ではまだ左下に向かっていますから，次にウェイトの値をマイナス方向（左方向です）に更新します。すると損失関数は減るどころか逆に増えることがあります。なぜ負の勾配を選んだのに損失関数が増えるのかが不思議に思われるかもしれません。そのわけは図 7.2 で示すように，G の左の小さなくぼ地を通り過ぎて損失関数がより大きな H 地点に移動してしまったからなのです。その後 H から G に逆戻りしますと，損失関数は上がったり下がったりの上下運動を繰り返すことになります。損失関数の経過をグラフにプロットすると波型が見られることがあるのはそういうわけなのです。

　以上に示した 1)〜4) のどのケースも最小値 X にたどり着くことができませんでした。ある点の近傍で損失関数が最小であることを局所的最小（ローカル・ミニマム）と呼びます。偏微分という局所的な情報に基づいて次の移動先を探索するわけですから，広域的な最小値（グローバル・ミニマム）にたどり着く保証はありません。

　しかも収束した値が最小値だったかどうかは結局わからないのです。ではディー

プラーニングのユーザーはどうしたらよいのでしょうか？　またこの困った問題をユーザーはどう受けとめたらよいのでしょうか。

■　どうしたらよいのか

損失関数の最小値が何かは分かりません。ウェイトは多次元の実数ですからそのすべての値についてしらみつぶしに損失関数を計算することは今日のコンピュータの能力をもってもできないことです[2]。とはいえ，ローカルミニマムをさける工夫はいろいろ考えられています。

(1) ミニバッチ

分析可能なすべてのデータを一括して学習するのではなく，ミニバッチ (mini-batch) と呼ばれるサブグループに分けて学習させて，次々とミニバッチを取り換えながらウェイトを更新する，という学習法があります。全データをランダムに並べ直してからミニバッチに分けることで更新に確率的な要素が入るので，確率的勾配降下法 (SGD, stochastic gradient descent) と呼ばれています。1 組のデータで学習を終えるのではなく，次々と新しいデータを学習しなければならないので過学習になりづらいのです。また損失関数自体がミニバッチの間で変動するという効果もあります。一通りの学習を済ますまでをエポックと呼びます。以下の要領でエポック終了後にあらためてデータを並べ替えますので，常に違ったデータ・セットを対象にして学習することになります[3]。

ミニバッチのサイズに定めはありませんが，1 万のデータを 500 ずつのデータに分けた場合は

第 1 エポック　　500×20 ミニバッチ $= 10000$ データ
　　　　　　　　　　（1 万のデータをランダムに並べ替えて 20 分割）
第 2 エポック　　500×20 ミニバッチ $= 10000$ データ
　　　　　　　　　　（1 万のデータをランダムに並べ替えて 20 分割）
第 3 エポック　　500×20 ミニバッチ $= 10000$ データ
・・・・・以下，繰り返し・・・・

---

2)　実数をとびとびの値に離散化して有限の格子点だけを評価するなら可能です。「できない」というのは無限の実数のすべてを計算することはできないという意味です。
3)　同じデータ数でもエポック数だけデータ量が増えることになります。ミニバッチは計算機統計学でいうリサンプリング (re-sampling) 法の一種であると考えられます。

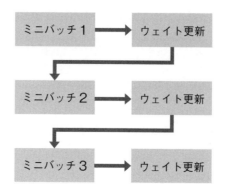

図 7.3　ミニバッチを使ったウェイト更新

　図 7.3 の場合は，ミニバッチが 3 つで全データを使い切りますので，ここで最初のエポックが終了します。その後全データをシャッフルしてミニバッチに分割してさらに学習を続ける，という進め方をします。問題はウェイトの初期値をどうするかです。第 1 エポックのミニバッチ 1 では乱数でイテレーションをスタートするしかありません。第 2 エポック以降は前エポックの最終的なウェイト推定値を初期値にしてスタートすることが多いようです。リサンプリングによるチューニングといえます。

(2) ハイパーパラメータを変える

　ディープラーニングで推定したいパラメータはウェイト W ですが，それ以外にも変更可能なオプションがあります。個々のイテレーションで推定されるパラメータよりも推定全般に影響するパラメータという意味でハイパーパラメータと呼んでいます [4]。

ハイパーパラメータ
　　隠れ層の数
　　隠れ層内のユニット数
　　ステップ幅

---

4)　ベイズ統計学ではパラメータの確率分布を定めるパラメータのことをハイパーパラメータと呼びます。名称は同じですが，ディープラーニングにおける意味とは違います。

> ミニバッチの数
> 勾配ベクトルの更新法

いずれも正解は決まっていないので，試行錯誤をしながら損失関数が小さくなるオプションを探す，という工夫をします。ハイパーパラメータを調整することをチューニングといいます。過去の分析経験が活かせるのですが，その経験を理論化することが難しい問題でもあります。

(3) パラメータの更新法をさらに精緻にする

イテレーションの早い段階ではステップ幅を大きくとって，学習後期ではステップ幅を少なくする方法があります。たとえば図 7.2 の G 地点においてもっと大きく左に移動すれば H の壁を越えて最小値に向かう坂まで進んだかもしれません。

勾配ベクトルを使ってウェイトを更新するわけですが，その方法も最急降下法に限らず，より精緻な方法が提案されています。

過去の勾配ベクトルの情報を加味して，今まで進んできた方向を大きく変えずに次の方向を決める慣性法 (momentum) があります。近年ではアダム Adam (Adaptive Moment Estimation) というパラメータの更新手法がよく使われていますが，基礎レベルを超えるので本書では紹介しません。

■　最適解が見つからないことをどう考えたらよいのか

最適解を導く確実な手段がないこと，最小値が何であるかは最後まで分からないこと，最小値が唯一（一意といいます）とは限らないこと…。それを解と呼ぶことに，従来の数学は懐疑的だったろうと思います。解が一意に求められなくてそれで解が求まったといえるのか？というのが数学者の見方なのでしょう。ではディープラーニングのユーザーは一意に解が求められない問題をどう考えたらよいのでしょうか。私は次のように考えています。

「ディープラーニングによって損失関数が小さくなるウェイトがみつかればそれでよい」

もちろん損失関数がさらに小さな解を追求するのは悪いことではありません。だからといって無尽蔵に時間を費やすことが許されるとは限りません。ベストな解が見つからなければベターな解で当座をしのぐ姿勢が大切でしょう。経営の実務では効率性とスピードは重要な要件です。

厳密な解が分からない場合は近似解を探索することが大事だ，と喝破したのが人工知能の創始者であるミンスキーでした。1.1 節で述べた通りです。

7.3 | 入力データの標準化

入力データを予め加工することによって，ディープラーニングがうまくできることがあります。

■ なぜ標準化が必要か

ディープラーニングの入力データは変数間で度量衡が異なるデータが混在するのがふつうです。5.2 節の表 5.2 でもそれが障害になる可能性を指摘しました。

分散と標準偏差

2.1 節 (2.1) 式の販促データ $x = [1\ 3\ -1\ 0\ -3]'$ を使って説明します。データは平均を引いた平均偏差データでありデータ数は $n = 5$ です。分散 V の定義式は $(x, x)/n$ で分散の値は 4 です。

$$V = \frac{1}{n}(x, x) = \frac{1}{5}[1\ 3\ -1\ 0\ -3]\begin{bmatrix} 1 \\ 3 \\ -1 \\ 0 \\ -3 \end{bmatrix} = \frac{1}{5}\{1 + 3^2 + (-1)^2 + (-3)^2\} = 4$$

標準偏差は $sd = \sqrt{V} = \sqrt{4} = 2$

標準化した販促データは次のようになります。

$$z = x/sd = \begin{bmatrix} 0.5 & 1.5 & -0.5 & 0 & -1.5 \end{bmatrix}'$$

たとえば顧客の家と店舗までの距離が来店行動に影響するかもしれない，ということで店舗までの距離を説明変数にしたとしましょう。コンビニエンスストアですと，たとえば店舗から 500 メートルの A さん宅と 700 メートルの B さん宅，というような入力データです。それを A さん宅は 50000 cm，B さん宅は 70000 cm と言いかえても情報は同じです。けれども cm で入力した方が，メートルの場合よりも予測値，ひいては損失関数に大きく影響します。なぜなら入力データをメー

トルから cm に変えた結果，

$$(100\boldsymbol{x}, 100\boldsymbol{x}) = 100^2(\boldsymbol{x}, \boldsymbol{x})$$

という計算によって変動が 1 万倍になるからです。$(\boldsymbol{x}, \boldsymbol{x})$ は 2 章で説明したベクトルの内積です。上のコラムで説明した分散という指標で表わしてもやはり 1 万倍に変わります。距離は，そこまで決定的な要因ではないかもしれません。読者は，距離と隠れ層の間のウェイトをほぼゼロに推定すれば問題は無くなるのではないかと思われるかもしれません。けれどもウェイトを初期値の値から 0 の近くまで移動させるのに長いイテレーションが必要になります。またイテレーションの初期段階で変動が突出して大きい説明変数があることによって，他の説明変数のウェイトを更新する価値をほぼ無くす危険性があるのです。

　もちろん，多数の入力データのどれが重要でどれが重要でないかは事前には分かりません。分からないからこそ，一部の説明変数だけが突出して変動が大きい条件でイテレーションをスタートすることは好ましくないと考えられます。

　そういう配慮からディープラーニングの入力データは原データのままではなく，何らかの事前処理によって各説明変数のスケール（尺度）を揃えることが必要なのです。ここでは簡単な順に標準化の方法を 4 つ紹介しましょう。

A　各変数ごとにそれぞれの最大値で割る。

$$\frac{X}{Max(X)}$$

とても簡単な方法ですが，原データにマイナスのデータが含まれると予想もしなかったトラブルが起きます。

B　各変数ごとにそれぞれの最小値を引く。

$$X - Min(X)$$

C　原データが 0 以上 1 以下の範囲に収まるようにスケールを修正する。

$$\frac{X - Min(X)}{Max(X) - Min(X)}$$

D　各変数ごとにデータの平均値 $mean$ と標準偏差 sd を求めて，次の変換を行う。

$$\frac{X - mean}{sd}$$

　D の変換によって，すべての説明変数を平均が 0 で標準偏差が 1 のデータに統

一することができます。狭い定義としてはこの変換を標準化 (standardization) と呼びます。

　以上 4 通りの標準化によって原データがどう変換されるかを表 7.1 に数値例で示しました。

　表 7.1 を図解したのが図 7.4 です。5 つの原データは大きいデータほど右にくるようにグラフ化しました。横座標が原データのスケールです。

　表 7.1 では変換 A を選ぶと大小順が逆転して原データが小さいほど変換値は大きくなります。変換 A が使えるのは原データがすべて正の値になることが確実な

表 7.1　原データを標準化する

原データ	変換 A	変換 B	変換 C	変換 D
−1	1	22	1.000	1.068
−3.6	3.6	19.4	0.882	0.733
−6.9	6.9	16.1	0.732	0.309
−12	12	11	0.500	−0.347
−23	23	0	0.000	−1.762

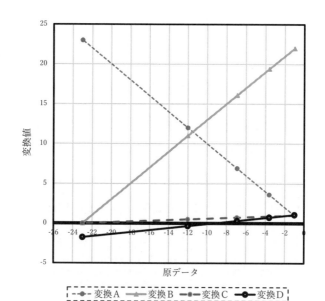

図 7.4　原データを標準化する

場合に限ります。データの分布も分からずに変換 A を使うのは危険です。

変換 B なら 0 以上の値になるように原データを平行移動します。この変換なら原データにマイナスやゼロの数値が混在していても問題ありません。ただし変換後の上限がいくつになるかを分析者はコントロールできません。つまり散らばりの大きいデータは散らばりが大きいまま分析されるので，変数間の散らばりを統一しようという目的は果たせません。

変換 C なら変換後の数値が 0 から 1 までの区間に入ることが保証されます。

変換 D は最大値と最小値がどうなるかは確定できませんが，原データが何であってもすべて平均 0，標準偏差が 1（つまり分散が 1）に統一されます。変換 D は，表 4.1 の 4 通りの変換の中では最も説明変数の公平性が確保できる方法です。

なお標準化は隠れ層における活性化関数の入力データにも適用されることがあります。またウェイトの値もあまり極端な値が出ないようにコントロールすることがあります。その場合は標準化ではなくて正則化 (regularization) という用語を用います。正則化の解説は損失関数の定義にもかかわる話題で高度になりますので，ここでは述べません。付録 A のお奨め図書などを参考にしてください。

7.4 ソフトウェアとビジネスへの応用

■ ユーザーとモデル開発

本書ではディープラーニングの典型的なモデルを示しました。けれども損失関数は誤差の二乗和か交差エントロピーだけではありません。他にも提案があります。活性化関数も次の双曲線正接関数 (hyperbolic tangent function) やガウスの誤差関数 (Gauss error function) など対案はいろいろあります。

【双曲線正接関数】

$$f(x) = \tanh\left(\frac{x}{c}\right) \qquad (c > 0)$$

この関数の c の値を変えることで，立ち上がり方が異なる S 字型曲線を描くことができます。

【ガウスの誤差関数】

$$f(x) = \frac{2}{\pi} \int_0^x \exp(-t^2) dt$$

ユーザーはディープラーニングのモデルを自分が好きなようにカスタマイズできると望ましいのです。ディープラーニングのフォワードのプロセスは，適当な

活性化関数と線形モデルを順次計算していくだけなので何も問題はありません。ではバックワードのプロセスで必要になる微分をどうしたらよいかというと，今日ではソフトウェアに微分をまかせる自動微分が普及しています。

そういう環境ですから微分に苦労するのではないかという心配は無用です。本書ではあえて手計算で微分を示しましたが，それはディープラーニングの仕組みを根本から理解してもらいたかったからです。ユーザーはロジックを納得した上で計算作業はすべて機械に任せればよい，というのが私の考えです。自動微分を使えばよいというのも同じ考えです。

■ ソフトウェア

本書では Python というソフトウェアを使ってディープラーニングを1から手造りしました[5]。けれどもビジネスマンや学生がディープラーニングを使用する時も，各自が一からプログラムを開発するべきだと言っているわけではありません。仕事には期限がありますし，卒論も期限が決まっています。忙しい方は既成のパッケージ，たとえば機械学習用の scikit–learn や市販のパッケージを活用するのが生産的です。考えられる疑問をいくつかあげます。

(1) Python でなければいけないのか

ディープラーニングを実行するには Python を使わなければならないという理由はありません。Python と同じくフリーソフトの R でも問題ありません。その R にもニューラルネットワークのパッケージが提供されています。

(2) 有名なフレームワーク

一からプログラムを作るのではなく，既製品ないし「ひな形」にあたるフレームワークを利用するのが簡単です。

   PyTorch

   TensorFlow と Keras

Keras には MNIST という0から9の手書き数字を識別するためのデータセットが付随しています。初心者がディープラーニングを試すのに適したツールです。

PyTorch や TensorFlow を使えば隠れ層の数とユニット数を指定するだけでディープラーニングが実行できます。誤差逆伝播法に必要な偏微分も自動的に

---

5) スクラッチ開発というそうです。

やってくれます。では Keras や TensorFlow は内部処理が透明なように作りこまれているのか，ユーザーは自由にモデルをカスタマイズできるのか，といえばそうではなさそうです。とはいえ本書は特定のフレームワークの解説書ではありませんので，関心のある方はそれぞれの資料やガイドブックを参考にしてもらいたいと思います。

(3) 商用のパッケージプログラム

そもそもコード入力が嫌でメニューをクリックするだけのソフトウェアが良いというユーザーには商用のソフトウェアを奨めます。私は十分に比較検討していないのですが，次のような商用ソフトウェアがあります。

【Deep Learner】

NTT データ数理システムのディープラーニングツールです。データの入力，集計，加工を可視化したアイコンで学習が進められます。対話型でビジュアルに学習モデルが作れるので使うのも簡単です。

学習モデルとしては教師あり学習とデータの要約を目的とした教師なし学習の両方をカバーしています。

Python と Deep Learner の関係は，統計分析における R と IBM SPSS と似た関係だと言えるでしょう。どちらを使っても処理できますが，商用ソフトの方がGUI（グラフィック・ユーザー・インターフェース）が優れているという良さがあります。初心者向けにリコメンデーションしてくれる機能もついていますので，

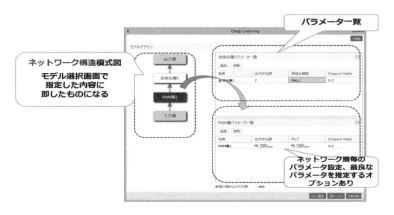

図 7.5　モデルを作っている画面

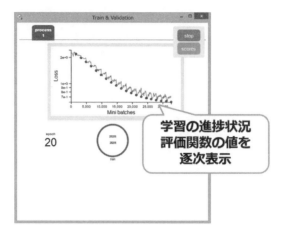

図 7.6　学習の進捗状況をモニターしている画面

ディープラーニングに詳しくないユーザーでも利用できるでしょう。

図 7.5，7.6 は Deep Learner の操作画面を示したものです。モデルの設計だけでなく計算の実行過程まで，すべてビジュアルに進行します。

■　ディープラーニングの応用

経営やビジネス分野での応用は秘密にされることが多いので，ディープラーニングの応用を展望するのは難しいものがあります。以下では断片的ですが草創期の応用を紹介しましょう。最新の事例は 8 章で具体的に紹介します。

【高炉の運転制御システム】

新日本製鐵大分製鐵所（現 日本製鉄九州製鉄所大分地区）で 1989 年 8 月から運用を始めたシステムです。日本におけるニューラルネットワーク導入の第 1 号とされています。システムを開発したのは富士通で，「NEUROSIM/L」という製品名でした[6]。Windows95 が PC を普及させたのが 1995 年ですから，それ以前の大型コンピュータのダウンサイジング（小型化）が進行中の時代でした。

【認知心理学】

認知心理学の分野では早い時代からニューラルネットワークの応用研究が行われてきました。御領 (1993) は英語動詞の活用形の学習や犬や猫を識別する自己

---

6)　日経 AI 別冊 1990 秋号「特集ニューラル・ネットワーク・アプリケーション」19-35.

連想器の応用研究が 1980 年代からあったことや文字を音声で出力するための応用研究を展望しています [7]。誤差逆伝播法で知られた Rumelhart の研究も引用されていますが，このテキストでは日本語の読みをラメルハートとしています。日本の書籍によっては Rumelhart をルーメルハートと訳されており，統一されていません。

【セールスプロモーションの効果分析】

あるメーカーが SP（セールスプロモーション）効果モデルを 1993 年に開発しています。スーパーの POS データをニューラルネットワークで学習させて SP 活動のコストパフォーマンスを評価したものです。シミュレーションによる効果分析がすでにこの時代から行われていました。

【調査会社によるプログラム開発】

「ニュー太」というプログラムがマーケティング分野におけるごく初期の汎用プログラムではなかったかと思われます。社会調査研究所（現インテージ）顧問の後藤秀夫氏が 1996 年に作成したプログラムで，内容は隠れ層が 1 つのパーセプトロンでした [8]。

コラム：ディープラーニングで使われる用語

ディープラーニングは日進月歩の先端領域であるために，用語の統一を図ろうというモチベーションもなく次々と新語が造られています。すでに他の領域で専門用語が定着している場合でも，先端的な開発をしている技術者は先行研究をレビューする余裕もないため，それぞれが造語を作って前進しているのかもしれません。所属学会が異なれば，用語も違ってしまうということもあるのでしょう。

次の表は，本書に関係する同義語をまとめたものです。左端に本書で主に使った用語を書きましたが，その用語がディープラーニングのコミュニティで慣用化していると主張するつもりもなければ，正しい用語だと主張するつもりもありません。

ただ，ディープラーニングの初心者があちらの言葉もこちらの言葉も同じものを

---

7) 御領謙 (1993) 神経回路網モデルと認知心理学 - 新しい展開，御領・菊地・江草 (1993)『心の働きとしくみを探る』サイエンス社，201-227.

8) 同研究所のワーキングペーパーである T.C. レポート 040 号「ニューラルネットワーク入門」No9640, 1996 年 12 月で報告されています。

指しているという対照表を参照すれば，違った本で様々な用語に出会ったときに戸惑わなくて済むと思います。

表 7.2　ディープラーニングで使われる用語

本書での用語	同義語	
ユニット	ノード	ニューロン
層	レイヤー	
ロジスティック関数	シグモイド関数	
ソフトマックス関数	多項ロジットモデル	S 字型関数
レルー関数	ランプ関数	ReLU
定数	バイアス	負の閾値
単位ベクトル	one hot vector	ダミー変数
損失関数	ロスファンクション	誤差関数
誤差	エラー	
教師信号	基準変数	ラベル
入力データ	説明変数	
学習フェーズ	訓練フェーズ	
学習用データ	訓練用データ	トレーニングデータ
予測フェーズ	適用フェーズ	
検証用データ	ホールドアウトデータ	テストデータ
フォワードプロセス	順伝播	
バックワードプロセス	逆伝播	
最急降下法	勾配法	勾配降下法
ウェイト	重み	パラメータ
イテレーション	反復	ループ
ステップ幅	学習率	学習係数
標準化	規準化	
過学習	オーバーフィッティング	過剰適合

## 第 8 章

ディープラーニングによる広告効果測定

本章ではマーケティング領域でのディープラーニングの適用事例として，広告効果の予測と解釈を試みた事例を取り上げます[1]。使用するデータはテレビ CM 1 万本のデータです。広告効果分析の課題とディープラーニングのアウトプットを併せて提示することで，ディープラーニングの活用の可能性を検討していきます。

8.1 | 広告効果分析

■ 広告効果の測定

広告は主要なマーケティング手段の 1 つであり，多くの企業が盛んに広告を出稿しています。株式会社電通の「2019 年 日本の広告費」によれば，2019 年（1〜12 月）の日本の総広告費は 6 兆 9381 億円に上ります[2]。媒体別に見ると，テレビメディアとインターネットメディアが主要な広告手段となっており，広告費はそれぞれ 1 兆 8612 億円，2 兆 1048 億円となっています。なお，インターネットメディアの広告費には，動画，静止画，テキスト，検索ワードに連動したサイト誘導など，様々な形式のものが含まれています。

企業のマーケターは広告表現の検討や広告媒体の選定を行うために，広告効果を測定します。測定される広告効果の指標には，到達率（リーチ），広告認知率，ブランド認知率，ブランド好意度，商品特徴理解度，購入意向，売上などさまざまなものがあります。広告の最終的な目的は商品の売上を増やすことですので，本来であれば売上で広告効果を測定することが望ましいでしょう。しかし，広告によってどれくらいの売上増に繋がったのかを把握するのは一般的には非常に困難です。なぜなら，売上には商品そのものの魅力，価格，店頭での露出状況，競合商品の魅力，競合商品の広告，天気，気温，経済状況など，多種多様な要因が影

---

1) 本章の内容は，東京大学大学院情報理工学系研究科の山崎俊彦准教授，中村遵介さん，陶砺 (Li TAO) さん，汪雪婷 (Xueting WANG) さんとの共同研究を基にしています。

2) https://www.dentsu.co.jp/news/release/2020/0311-010027.html

響しているからです。このような多種多様な要因の中から，広告の影響だけを抽出して評価するのが難しいということです。

　広告効果管理に関する有名なモデルに DAGMAR (Colley 1961)[3] があります。DAGMAR は「Defining Advertising Goals for Measured Advertising Results」の頭文字を取ったもので，明確で測定可能な広告効果目標を設定することの必要性を強調しています。また，DAGMAR は広告効果に「商品認知 (awareness) → 商品理解 (comprehension) → 確信 (conviction) → 行動 (action)」という消費者の一連の心理変容プロセスを想定しており，売上による広告効果管理を前提としていません。「心理指標でも広告の影響だけを抽出して評価するのは難しい」，「心理指標は売上に相関しない場合がよくある」など，DAGMAR にはさまざまな批判もありますが，管理可能な広告効果目標を設定するという考え方は実務で広く受け入れられています。

■　広告効果分析とディープラーニング

　広告効果を測定した後に行われることは，広告効果への影響要因を分析し，その結果を広告施策に反映させることです。その際に重要なことは，広告効果に影響が大きい重要な要因をもれなく理解することです。統計分析風に言えば，「重要な説明変数をもれなくモデルに組み込むこと」，「各説明変数の影響度を理解すること」の2つが重要になります。

　要因の影響度の解析には回帰分析が従来よく用いられてきました。しかし，広告効果分析においては，回帰分析に「重要な説明変数をモデルにもれなく組み込むこと」はかなり難しいタスクになります。どうしてかというと，回帰分析では結果（目的変数）に影響がありそうな要因（説明変数）を，分析者が予めデータ化してモデルに投入する必要があるからです。テレビ CM で言えば，CM 映像，BGM，出演者のセリフ，ナレーション，出稿量などの多様な情報から，広告効果に関係のありそうな要素を予め推測し，それをデータ化する必要があります。例えば，「映像内の商品の見せ方が重要」，「BGM のリズム感が重要」，「企業名のナレーションのタイミングが重要」…というように，広告効果に関係がありそうな要素を推測したうえで，それをデータ化する必要があるということです。

　一方，ディープラーニングでは，画像や音声やテキストなどの「生の情報」をそ

---

3) 　Colley, R. H. (1961) *"Defining Advertising Goals for Measured Advertising Results."* Association of National Advertisers.

のままモデルに投入することができるため,「重要な説明変数をモデルにもれなく組み込むこと」が実現できるかもしれません。一般的に言えば,うまくパラメータが学習されたディープラーニングの予測精度は回帰分析の予測精度よりも高いことが期待されます。なぜなら,ディープラーニングのモデルの内部では,画像や音声やテキストが持っている「生の情報」をフルに活用することが試みられているからです。

では,もう1つの「各説明変数の影響度を理解すること」という点についてはどうでしょうか。この点については回帰分析に分があります。回帰分析では説明変数と目的変数の関係が,ある関数で明示的に定められているからです。たとえば,目的変数が Y,説明変数が X_1 と X_2 の重回帰分析は,$Y = c + b_1 X_1 + b_2 X_2 + e$ という式で表すことができます。c は切片,b_1 と b_2 は説明変数の影響度を表すパラメータ,e は誤差項です。推定された b_1 と b_2 から説明変数と目的変数の関係は容易に解釈できます。一方,ディープラーニングでは,インプット(説明変数)とアウトプット(目的変数)の関係の解釈が一筋縄では行きません。もちろんディープラーニングのモデルの内部ではインプットとアウトプットの関係は分かっているのですが,それを人が解釈できる形で描写することが難しいのです。その要因の1つは,インプットとアウトプットの関係が(回帰分析のように)シンプルな関数で表現されていないということです。これはインプットの影響度を表すパラメータが求められないことと同義です。もう1つの要因は,ディープラーニングのインプットが解釈できる単位になっていないということです。たとえば,画像データのディープラーニングのインプットは,各画像のピクセル単位のデータであることが一般的です。しかし,広告画像のピクセルごとの広告効果への影響が分かったとしても,広告効果の要因の解釈には利用できません。広告効果の要因を解釈するためには,登場人物,商品,背景など,意味のあるまとまりでの影響を算出しなければなりません。

まとめると,ディープラーニングは「生の情報」をそのままモデルに投入できるため,「重要なインプット(説明変数)をもれなくモデルに組み込むこと」は回帰分析に比べて容易ですが,「各インプット(説明変数)の影響度を理解すること」については一筋縄ではいかないということです。しかし,ディープラーニングのインプットとアウトプットの関係をうまく解釈できれば,「生の情報」をそのまま扱えるディープラーニングのメリットが生かせることになります。

以降では,ディープラーニングで構築した広告効果モデルの概要とその活用例

を紹介します。

8.2 | ディープラーニングによる広告効果モデリング

■ 想定活用シーン

　想定している活用シーンは2つです。1つは，広果効果の高い広告クリエイティブの選定です。テレビ CM を出稿する企業はテレビ CM のオンエア枠をテレビ局から購入しますが，当然，そのオンエア枠には限りがあります。したがって，複数の広告クリエイティブを保有している企業は，購入したオンエア枠により高い効果が期待される広告クリエイティブを流したいはずです。このニーズに応えるためには，オンエア候補の広告クリエイティブの効果の予測を高精度で行うことが必要になります。

　もう1つは，広告クリエイティブの制作計画への活用です。広告クリエイティブの計画段階には，広告メッセージを分かりやすく伝達し，高い広告効果を達成するためのクリエイティブ表現が検討されます。その際，過去の効果の高い（低い）CM の特徴を参照できれば，クリエイティブ表現の検討に役に立つでしょう。これを行うためには，過去の CM のデータを分析モデルに投入し，インプットとアウトプットの関係の解釈を行う必要があります。先述したように，ディープラーニングのインプットとアウトプットの関係の解釈は難しい部分もありますが，今回の分析ではそれをシミュレーションで表現します。

■ ディープラーニングモデルの詳細

　構築した広告効果予測モデルの全体像を図 8.1 に示します。このモデルでは，画像，音声，テキストなど，様々な形式のデータを入力して広告効果の予測を行っています。広告効果のデータは，調査で取得した CM 認知，CM 好意，興味関心，購入意向のデータです。以降では，これらのデータをどのようにモデリングしたのかの概要を説明します。

(1) 画像からの特徴ベクトルの抽出

　動画をそのままディープラーニングに投入することはできないため，各 CM から 15 枚の代表フレームを抽出してモデルに投入しています。代表フレームの抽出は，各 CM 動画から等間隔で 15 枚の画像をサンプリングすることで行っています。15 秒の CM であれば1秒ごとに 15 枚の画像をサンプリングしているとい

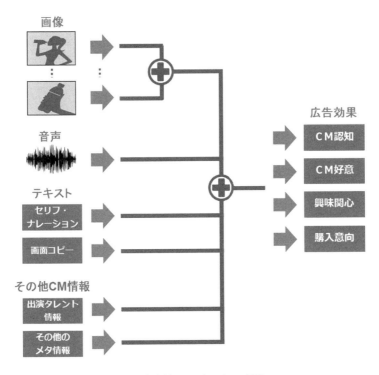

図 8.1 広告効果予測モデルの構造

うことです。

画像データの解析には畳み込みニューラルネットワーク (Convolutional Neural Network：CNN) がよく利用されます。しかし，画像データを対象とした CNN では推定しなければならないパラメータが非常に多くなることが普通であり，手元にあるデータだけでは精度の高いパラメータを推定することは困難です。そこでパラメータが既に求められている公開された CNN のネットワークを利用して，CM 画像から特徴ベクトルを抽出します。公開された CNN のネットワークで画像特徴ベクトルを抽出しておいて，その画像特徴ベクトルと広告効果の関係を手元にあるデータで推定しようという戦略です。

画像特徴ベクトルの抽出に利用したのは，ResNet50 (He, Zhang, Ren and Sun

2016)[4] という CNN のネットワークです。今回利用した ResNet50 のパラメータは，ImageNet[5] という大規模画像データベースの 1000 種類の物体の判別のために学習されています。したがって，広告画像のデータを ResNet50 に通すことで，物体の判別に有効な画像特徴ベクトルが得られることになります。物体の判別に有効な画像特徴ベクトルを広告効果の予測に利用することに違和感を覚えるかもしれません。しかし，ResNet50 は 1000 種類の物体の判別を非常に高い精度で行うネットワークであり，ResNet50 を通して得られる画像特徴ベクトルは，汎用的に利用できることが期待されます。

画像特徴ベクトルの抽出は，15 枚の各画像に対して行っています。その上で，15 個の画像特徴量ベクトルを結合し，1 つの画像特徴ベクトルに変換しています。

(2) 音声からの特徴ベクトルの抽出

音声の入力データには CM 動画の音声波形を利用しています。音声波形は BGM や効果音などが持つ音の情報を波の形で表現したものです。

音声波形からの音声特徴ベクトルの抽出には，SoundNet (Aytar, Vondrick and Torralba 2016)[6] と呼ばれる公開されたネットワークの構造を利用しています。SoundNet は自然音が含まれる動画を対象として，音の情報から物体やシーンの判別を行うために構築された CNN のネットワークです。

Aytar らは，SoundNet のパラメータの学習に画像から物体やシーンを判別する CNN の出力を利用しています。具体的には，物体やシーンを判別する CNN の予測確率と SoundNet の予測確率ができるだけ近くなるようにパラメータの学習を行っています（図 8.2：上段が画像から物体やシーンを判別するための CNN，下段が音声波形の情報を処理する SoundNet）。今回のモデルでは，SoundNet の構造のみを利用して，パラメータは手元のデータで学習しています[7]。

---

4) He, K., Zhang, X., Ren, S., and Sun, J. (2016) Deep residual learning for image recognition, In: *Proceedings of the IEEE Conference on Computer Vision and Pattern Recognition*, 770-778.

5) http://image-net.org/

6) Aytar, Y., Vondrick, C. and Torralba, A. (2016), Soundnet: Learning sound representations from unlabeled video, In: *Advances in Neural Information Processing Systems*, **29**, 892–900.

7) 正確には SoundNet の学習済みパラメータを初期値として，手元のデータでパラメータを再学習しています。このようなパラメータの学習方法はファインチューニング (fine tuning) と呼ばれています。

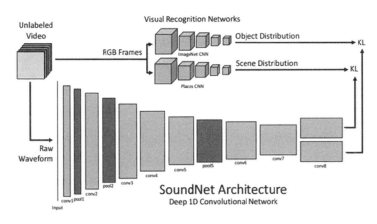

図 8.2　SoundNet のパラメータの学習
（Aytar ら (2016) より引用）

(3) テキストからの特徴ベクトルの抽出

　入力するテキスト情報は，「セリフ・ナレーション」と「画面コピー（画面に表示されるテキスト）」の2つです。「セリフ・ナレーション」は音声で表現される情報ですが，SoundNet で抽出される音声特徴ベクトルは音の高低や音色などの特徴を抽出したものであり，「セリフ・ナレーション」の意味情報は含まれていません。そこで音声波形とは別に「セリフ・ナレーション」のテキスト情報をモデルに取り込んでいます。

　テキスト情報の最もシンプルな表現方法は，出現した単語の要素を 1，それ以外の要素を 0 とするベクトルを作成することです。しかし，この表現方法には入力するベクトルが高次元（出現した単語の種類数の次元）になる，各単語を独立に扱っており単語間の意味の近さが表現されないという欠点があります。

　そこで今回は Word2Vec というニューラルネットワークを利用して，各単語を「文脈情報を持つベクトル」に変換して使用します。Word2Vec は入力をある単語のダミー変数ベクトル[8]，出力をその単語の周辺語のダミー変数ベクトルとしたニューラルネットワークです。あるいは入力を周辺語のダミー変数ベクトル，出

---

[8]　ダミー変数ベクトルとは，該当の要素が 1，それ以外の要素が 0 のベクトルのことです。名義尺度のデータを表現する際によく使われます。機械学習の分野では one–hot ベクトルと呼ばれています。

力をある単語のダミー変数ベクトルとすることもあります。詳細は省きますが，Word2Vec の中間層のベクトルは，近い場所に出現しやすい単語どうし（＝同じ文脈で使われやすい単語どうし）のベクトルの距離が近くなるような性質を持っています。つまり，中間層のベクトルには各単語の文脈情報が表現されているということです。

　各単語を「文脈情報を持つベクトル」に変換した後は，それを LSTM (Long Short-Term Memory) というニューラルネットワークに入力しています。並び順に意味があるデータ（≒時系列データ）を扱うためのニューラルネットワークは再帰型ニューラルネットワーク (Recurrent Neural Network, RNN) と呼ばれますが，LSTM は RNN の 1 つです。「セリフ・ナレーション」と「画面コピー」は，テキスト内の単語の出現順に意味があるデータです。そのため，LSTM を使うことで単語の出現順に意味を持たせたモデリングを行っています。

(4) その他の CM 情報の入力

　CM 画像，音声，テキスト情報以外には，出演タレント情報（タレント出演人数，タレント人気度）とその他のメタ情報（商品ジャンル，シリーズ性，GRP[9]）を入力しています。

　出演タレント情報は，「タレント出演人数」と「タレント人気度」の 2 つの情報を結合したベクトルで入力しています。「タレント出演人数」は，各 CM に出演している有名タレントの人数をカウントしたものです。有名タレント以外の登場人物はカウントしていません。「タレント人気度」は調査で取得した各タレントの好意度です。複数のタレントが出演している場合には，人気が高い方のスコアを入力しています。

　メタ情報については「商品ジャンル」のダミー変数ベクトル，「シリーズ性」のダミー変数ベクトル，「GRP」を連結したベクトルで入力しています。「シリーズ性」は過去に放送された自ブランドの CM との継続性を表す情報で，同じタレントが継続しているか否か，ストーリーや場面設定が継続しているか否かの組合せで 4 つの変数を作成しています。

---

9)　GRP は消費者のテレビ CM への総接触量を表す数字で，CM がオンエアされた時点の視聴率を合計したものです。たとえば，3 本の CM を視聴率が 2%，5%，8%の各時点に出稿したら，GRP は 15 になります。

(5) 各特徴ベクトルの結合と広告効果のモデル化

　最終的には，画像特徴ベクトル，音声特徴ベクトル，セリフ・ナレーション特徴ベクトル，画面コピー特徴ベクトル，出演タレントベクトル，メタ情報ベクトルの6つのベクトルを統合して，広告効果との関係をモデル化する構造にしています。6つのベクトルを統合する部分では，各ベクトルの次元数を揃えるためのネットワークを挿入しています。

8.3 | 広告効果の予測

■　テレビ CM データセット

　モデルの構築に利用したデータは，約1万本のテレビ CM のデータです。広告効果のデータについては株式会社ビデオリサーチの「TV–CM KARTE（テレビコマーシャルカルテ）」のデータベースを利用しています。「TV–CM KARTE（テレビコマーシャルカルテ）」は 1982 年に開始された調査サービスで，これまでに数万 CM の評価データが蓄積されています。今回利用した約1万本のテレビ CM のデータは，2006 年以降に調査されたテレビ CM になります。

　CM 動画データは，各テレビ CM のオンエアを録画したデータです。モデルに入力する CM 画像のデータは，各テレビ CM の動画データから等間隔で 15 枚の画像を切り出したものです。セリフ・ナレーション，画面コピー，出演タレント人数，商品ジャンル，シリーズ性，GRP のデータは，「TV–CM KARTE（テレビコマーシャルカルテ）」のデータベースに採録されている情報を利用しています。また，タレント人気度については株式会社ビデオリサーチの「テレビタレントイメージ調査」のデータから作成しています。「テレビタレントイメージ調査」は年2回の調査ですが，テレビ CM の調査時点に近い調査のタレント好意度を紐づけて利用しています。

■　広告効果の指標

　広告効果の指標としては，CM 認知，CM 好意，興味関心，購入意向の4指標を利用しています。CM 認知は「このテレビ CM を見たことがありますか」という問いに対する回答率で，テレビ CM の記憶に関する指標です。テレビ CM を消費者の記憶に残すことは，テレビ CM の効果を高めるための必要条件です。CM 好意は「このテレビ CM は好きですか」という問いに対する回答率で，広告クリ

エイティブの好意度を測定する指標です。CM 好意度は安価で気軽に購入できる低リスクの商品で重要だと言われています。興味関心と購入意向はそれぞれ「広告している商品・サービスに興味を感じましたか」,「広告している商品・サービスを買いたい・利用したいと思いましたか」という問いに対する回答率です。興味関心と購入意向はどちらも広告内の製品・サービスの評価を測定する指標で相関係数も高いですが, より幅広い製品・サービスに対応するために 2 つの指標を採用しています。なお, 以上の指標はいずれもテレビ CM の静止画, セリフ・ナレーションのテキスト, 画面コピーのテキストを提示した上で回答をしてもらっています。

■　広告効果の予測精度

　広告効果の予測精度の確認は, モデルの構築に使用したテレビ CM とは別の 1000 本のテレビ CM データで行っています。モデルの構築に使用するデータはトレーニングデータ, モデルの精度を検証するデータはテストデータと呼ばれます。なぜ精度の検証にトレーニングデータを使わないのかと言うと, オーバーフィッティング（過学習）の可能性を排除するためです。オーバーフィッティングとはトレーニングデータについてのみ精度が高く, テストデータでは精度が低い状況のことです。実際にモデルを運用する際には, モデルの構築に使用していないテレビ CM の効果を予測することになるため, オーバーフィッティングは避けなければいけない問題です。一般的には, トレーニングデータのケース数に対して推定しなければならないパラメータ数が多いモデルでは, オーバーフィッティングが起こりやすくなります。

　テストデータにおける実際の値とモデルの予測値の散布図および相関係数を図 8.3 に示します。散布図を見ると, どの指標も右肩上がりの関係になっており, 実際の値と予測値の傾向がうまく一致していることが分かります。相関係数を見ると, 購入意向の相関係数が 0.83 と最も高くなっています。CM 認知, CM 好意, 興味関心の相関係数はそれぞれ 0.74, 0.72, 0.69 となっており, 購入意向の相関係数に比べるとやや低いです。

　次に, 実際の値とモデルの予測値の誤差（差の絶対値）を確認します（図 8.4）。CM 認知について見ると, 誤差が 5% 以内のテレビ CM が 367 本, 誤差が 10% 以内のテレビ CM が 621 本となっています。一方, CM 好意, 興味関心, 購入意向では, 誤差が 5% 以内のテレビ CM がそれぞれ 460 本, 477 本, 493 本, 誤差が

＜ＣＭ認知＞

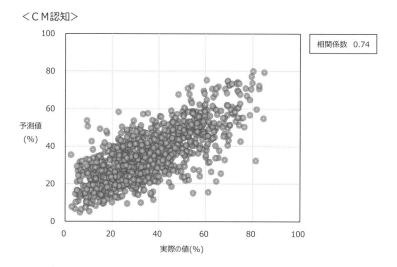

＜ＣＭ好意＞

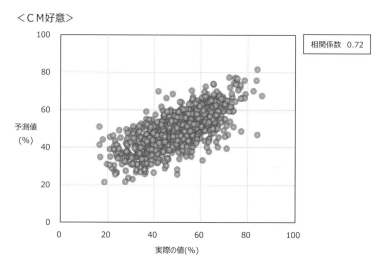

図 8.3 実際の値とモデルの予測値

10%以内のテレビ CM がそれぞれ 783 本，763 本，785 本となっています。CM 認知の誤差が CM 好意，興味関心，購入意向の誤差よりも大きいことが分かります。ただし，図 8.3 の散布図を見れば分かる通り，CM 好意と興味関心の 2 指標はもともと分散が小さい指標であり，そのことがこれらの指標の誤差が小さいこ

＜興味関心＞

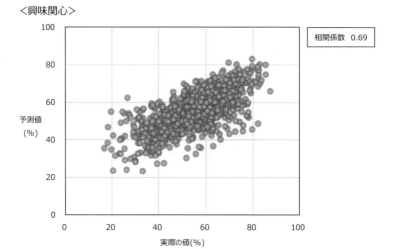

＜購入意向＞

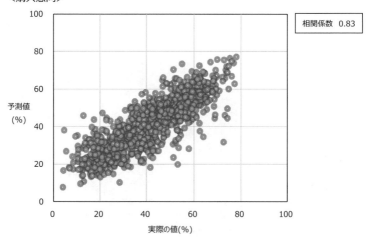

図 8.3　実際の値とモデルの予測値（続き）

とに影響していそうです。

　今回の予測対象は調査で取得されたデータであるため，そのデータには調査上
の誤差（対象者の選定に伴う誤差など）が含まれています。それを踏まえると，4
指標の予測精度はどれも良好な水準にあると言えるでしょう。

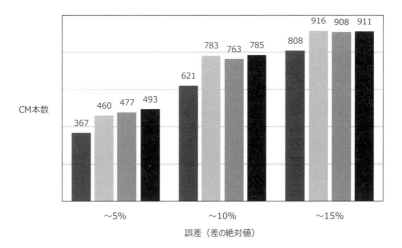

■CM認知 ■CM好意 ■興味関心 ■購入意向

CM本数

367　460　477　493　　621　783　763　785　　808　916　908　911

〜5%　　　　　　〜10%　　　　　　〜15%

誤差（差の絶対値）

図 8.4　実際の値とモデルの予測値の誤差分布

■　**予測が外れやすいテレビ CM**

　上記のように全体的な予測精度は良好ですが，中には消費者の評価とディープラーニングの予測が大きく乖離しているテレビ CM も存在します。消費者の評価とディープラーニングの予測が大きく乖離しているテレビ CM を確認してみると，商品自体の魅力度が非常に高い（あるいは逆に低い）テレビ CM が多くなっています。たとえば，観光旅行のテレビ CM の予測値は，消費者の実際の評価よりかなり低くなる傾向があります。これは，クリエイティブの質に関係なく，多くの人が観光旅行に行きたいと考えているからです。同じ理由で人気ブランドが実施する期間限定の消費者キャンペーンも，ディープラーニングの予測値が消費者の実際の評価よりも低くなる傾向があります。商品自体の魅力度が非常に高い（低い）場合になぜディープラーニングの予測値が大きく外れるかと言うと，商品自体の魅力度が広告効果に影響するという事実をディープラーニングに学習させていないからです。したがって，商品の魅力度をインプットデータに追加して学習すれば，予測精度は向上するでしょう。

　消費者の評価とディープラーニングの予測値が乖離しやすい別のケースとしては，過去にはない新しいタイプのテレビ CM の予測が挙げられます。たとえば，今回のテストデータの中に「地味な静止画と単調なナレーションによる不良品の

回収告知 CM」が含まれていましたが，そのようなテレビ CM はうまく予測できません。なぜなら，トレーニングデータの中にそのようなテレビ CM が存在しないからです。過去にほとんど例のない新しい試みの予測は困難だということです[10]。

8.4 ｜ クリエイティブの制作企画支援

既に述べたように，クリエイティブの制作に有効な知見を抽出する手段としては，過去の効果の高い（低い）テレビ CM の特徴を解釈することが挙げられます。そのためには，過去のテレビ CM をモデルに投入して，クリエイティブ表現と広告効果の関係を解釈することが必要になります。

本節では，ディープラーニングの仕組みを利用して，クリエイティブ表現と広告効果の関係の解釈を試みた事例を紹介します。

■　各シーンの影響シミュレーション

ディープラーニングでインプットとアウトプットの関係を解釈する方法の1つは，インプットとアウトプットの関係をシミュレーションで描写することです。たとえば，出演タレントを変更した場合の影響を確認したい場合には，入力するタレント人気度を変化させて広告効果の変化をシミュレートします。同様に，あるシーンを変更した場合の影響を確認したければ，そのシーンに該当する画像を差し替えて広告効果の変化をシミュレートします。

テレビ CM 内の各シーンがどのように広告効果に影響しているかを分析したい場合には，各シーンを黒く塗りつぶしたときの広告効果の予測値が利用できます。具体的には，すべてのシーンをそのまま入力したときの広告効果の予測値と，各シーンを黒く塗りつぶしたときの広告効果の予測値の差分を取ることで，各シーンの貢献度を算出することが可能です（図 8.5）。黒く塗りつぶした画像をベースにして，各シーンの貢献度を相対的に比較しようということです。

この方法で「ほっともっと」のテレビ CM における各シーンの貢献度を算出したのが図 8.6 です。図 8.6 には CM 認知，CM 好意，購入意向への貢献度が算出

---

10)　これはディープラーニングに限らない予測モデル一般の問題です。

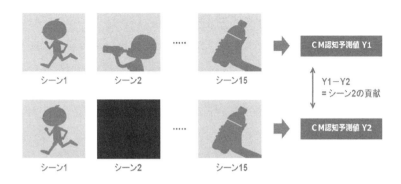

図 8.5　シーン別貢献度の求め方（シーン 2 の貢献度）

されています [11]。なお，この貢献度の数値は平均が 50，標準偏差が 10 になるように，指標ごとに標準化された偏差値です。

　まず，各シーンの CM 認知への貢献度を確認すると，最も貢献度が高いのがシーン 4 です。このシーンは「有名タレントのアップシーン」となっており，有名タレントのアップが CM 認知に貢献していることが確認できます。一方，CM 冒頭の 3 コマの貢献度は低くなっています。これらのシーンは「一般人が草野球をプレーしているシーン」ですが，視聴者の注意を引くことにはあまり貢献していないようです。ストーリー全体の構成を見てもこれらのシーンは必須ではないため，より視聴者の注意を引きつけられるシーンへの差し替えを検討すべきかもしれません。

　次に，各シーンの購入意向への貢献度を確認すると，「食材の調理シーン」（シーン 5，8，10）と「お弁当のアップのシーン」（シーン 11，12）の貢献度が高いことが分かります。特にシーン 8 の「焼いているステーキにソースをかけているシーン」の貢献度が高くなっており，ステーキにソースをかけるという演出が有効に機能していることが確認できます。一方，シーン 6，9，13，14 の「タレントがステーキを食べるシーン」の貢献度は高くありません。このテレビ CM は「タレントがステーキを食べるシーン」にかなりの時間を割いていますが，もう少しこのシーンの尺を短くしてもいいのではないでしょうか。

---

11)　食品 CM では興味関心と購入意向が似た傾向を示すため，以降の分析では興味関心の結果を割愛します。

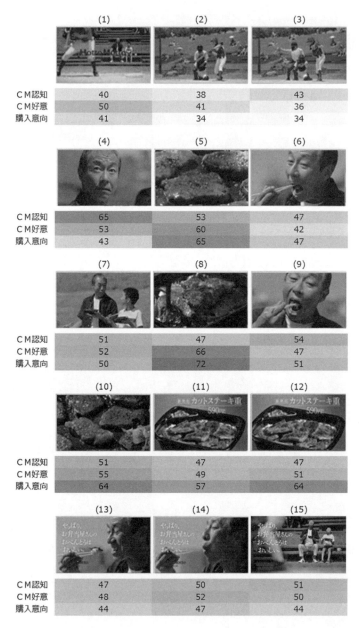

図 8.6 「ほっともっと」CM のシーン別貢献度 12)

---

12) CM 情報：プレナス「ほっともっと」

　なお，各シーンの CM 好意への貢献度は，購入意向への貢献度と似た傾向になっています。ただし，購入意向とは異なり「お弁当のアップのシーン」（シーン11，12）の貢献度は高くありません。このことから，商品アップの描写だけでは CM 好意度を高めることは難しいと推測できます。

■ 有効なシーンの抽出

　各シーンの影響シミュレーションを過去の多くのテレビ CM に適用すれば，過去の CM から広告効果への貢献度が高いシーンを探索することが可能になります。図 8.7 は約 5000 の食品 CM のシーン別貢献度を算出し，その中から購入意向への貢献度が特に高かったシーンを抽出したものです。図の下部の数値は購入意向への貢献度を偏差値化したものです。図 8.7 の各シーンは「カップに注がれる乳

図 8.7　「シズル感のあるシーン」の購入意向への貢献度 [13)]

---

13)　CM 情報：A ハウス食品「フルーチェ」
　　　　　　　 B グリコ乳業「プッチンプリン」
　　　　　　　 C 日清食品「カップヌードルミルクシーフードヌードル」

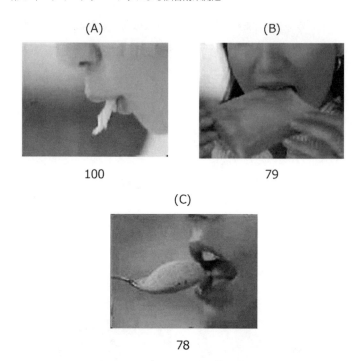

(A) 100

(B) 79

(C) 78

図 8.8　購入意向への貢献度高い「食べるシーン」 14)

飲料 (A) 」,「お皿の上で弾むプリン (B) 」,「湯気が出ている具だくさんのラーメ
ン (C) 」をそれぞれ描写しています。これらのシーンに共通しているのは，単に
食品をアップにするだけではなく，食品の質感や温度感を表現しているというこ
とです。食品 CM では五感に訴える表現（シズル感のある表現）が重要だとよく
言われますが，図 8.7 の 3 つのシーンはまさに五感に訴える表現になっています。
　図 8.8 と図 8.9 は食品 CM でよく行われる演出である「タレントが食べるシー
ン」の中から，評価が高かったシーンと評価がそれほど高くなかったシーンをそれ
ぞれ抽出したものです。図 8.8 の評価が高かったシーンに共通しているのは，タ
レントの口元をアップにして，食品に焦点を当てたカットにしているということ
です。一方，図 8.9 の評価がそれほど高くなかったシーンでは，少し引いたアン

---

14)　CM 情報：A 東洋水産「マルちゃん麺づくり」
　　　　　　　B フジパン「本仕込」
　　　　　　　C ハーゲンダッツジャパン「ビターキャラメル」

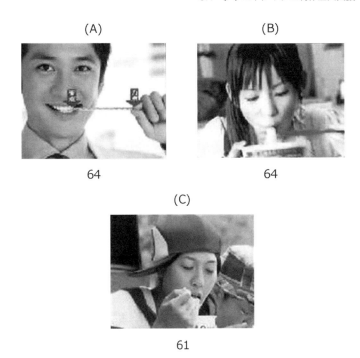

図 **8.9**　購入意向への貢献度がそれほど高くない「食べるシーン」 15)

　グルからタレントの顔全体と食品の両方を画面に収めています。タレントと食品
の両方を画面に収めることの意図は，タレントの CM 認知への貢献と食品の購入
意向への貢献の両方が期待されるということにあるかもしれません。しかし，今回
の食品 CM の分析では，タレントと食品の両方を映したシーンの購入意向への貢
献度は，食品に焦点を当てたシーンに比べて高くならないことが多いという結果
になりました。

■　本章のまとめ
　本章では，画像，音声，テキストなど，テレビ CM の「生のデータ」を利用し
たディープラーニングのモデルを構築することで，広告効果を高精度で予測でき

---

15)　CM 情報：A 江崎グリコ「堅焼プリッツ」
　　　　　　　 B 東洋水産「マルちゃん麺づくり」
　　　　　　　 C サンヨー食品「サッポロ一番」

ることを紹介しました。また，テレビ CM の各シーンの影響度をシミュレーションで評価することで，クリエイティブの改善点を検討することや，過去のテレビ CM から有効な広告表現を探索できることを示しました。ディープラーニングによる広告効果の予測，クリエイティブの改善点の検討，有効な広告表現の探索は，いずれもテレビ CM の企画検討や制作の段階で役に立つでしょう。

　広告効果分野におけるディープラーニングの今後の重要な課題の１つは，インプットとアウトプットの関係の解釈をより正確かつ具体的に行うことです。ディープラーニングの結果の解釈については近年盛んに研究が行われています。今後，インプットとアウトプットの関係を解釈する様々なバリエーションのアウトプットが活用できるようになることが期待されます。

コラム 1：畳み込みニューラルネットワーク

　畳み込みニューラルネットワーク (Convolutional Neural Network, CNN) は，主に画像認識に使われているディープラーニングのネットワークです。2012 年に行われた画像認識の精度を競うコンペティション「ImageNet Large Scale Visual Recognition Competition (ILSVRC) 2012」で畳み込みニューラルネットワークを用いたトロント大学のチームが圧勝し，それ以降，畳み込みニューラルネットワークは画像認識の標準的な手法になっています。

　畳み込みニューラルネットワークは，畳み込み層 (Convolution layer) とプーリング層 (Pooling layer) と呼ばれる特殊な層を持つことを特徴としています。画像はピクセル単位の色の配列で表現されますが，色の配列から画像認識に必要な普遍的な特徴を抽出するのが畳み込み層とプーリング層の役割です。

　畳み込み層では画像データにフィルターと呼ばれるパラメータを掛けることで，画像認識に必要な特徴を抽出します。例えば，猫を認識するための「尖った耳」の形をフィルターを通して抽出するというイメージです。畳み込み層のフィルターはパラメータなので，モデル構築の過程で自動的に学習されていきます。

　一方，プーリング層の役割は，畳み込み層を通して得られる特徴を縮約して，より頑健（ロバスト）にすることです。具体的には，画像のある領域のピクセルデータの平均や最大値を計算することで，情報を縮約していきます。畳み込み層の計算結果は認識対象の物体が元の画像のどの位置にあるかによって変わりますが，それをプーリング層に通すことで，画像内の位置変化に対して頑健になります。プーリ

ング層は領域ごとの平均や最大値を計算するだけなので，学習されるパラメータはありません。

畳み込み層とプーリング層は「畳み込み層—プーリング層—畳み込み層—プーリング層…」というように，重ねて利用することが多いです。最初の畳み込み層では物体の縁の形や向きなどの単純な特徴を抽出され，層が深くなるにつれて物体固有のより複雑な特徴が抽出されていくことが知られています (Zeiler ら 2014)[16]。

コラム2：再帰型ニューラルネットワーク

再帰型ニューラルネットワーク (Recurrent Neural Network, RNN) は，並び順に意味があるデータを扱うためのニューラルネットワークです。たとえば，人の言語のデータは並び順に意味があるデータです。「私はあなたが…」と「あなたは私が…」は出現する文字は同一ですが，後に続く文章は異なることが多いでしょう。

図 8.10 に再帰型ニューラルネットワークのイメージを示します。入力 x と中間層の出力 h の添え字は，データの出現順を表しています。

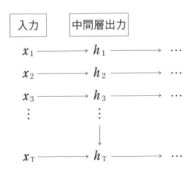

図 8.10 再帰型ニューラルネットワークのイメージ

再帰型ニューラルネットワークのポイントは，t 番目の中間層の入力が $t-1$ 番目の中間層の出力の影響を受けることです。この構造により t 番目の中間層の出力 (h_t) が，t 番目までのすべての入力 $(x_1 \sim x_t)$ の影響を受けることになります。言

16) Zeiler, M.D. and Fergus, R. (2014), Visualizing and understanding convolutional networks, In: Fleet, D., Pajdla, T., Schiele, B., Tuytelaars, T. (eds.) "*Computer Vision – ECCV 2014.*" Lecture Notes in Computer Science, 8689. Springer International Publishing, 818–833.

い換えれば，t 番目までにどのようなデータが出現したかに影響されるということです。また，入力されるデータの順番も重要です。先ほどの例で言えば，「私 (x_1) ｜は (x_2) ｜あなた (x_3) ｜が (x_4) 」の文字列と「あなた (x_1) ｜は (x_2) ｜私 (x_3) ｜が (x_4) 」の文字列では，中間層の出力 (h_4) は異なります。

Pythonの環境設定

　この付録では Python をまだ使ったことがない初心者の方を対象に，お勧めの環境設定と Windows 版を例にした Python 導入法を紹介します。

■ Anaconda のインストール

　Anaconda（アナコンダ）という開発環境は Python の実行に役立つツールを揃えていますので，Anaconda をインストールすることをお勧めします。まず Web で次の URL にアクセスしてください。

　https://www.anaconda.com/download/

　画面から [Install Anaconda] というボタンを探してクリックします。実行ファイルがダウンロードできたら，その先はインストーラーの指示に従って「Next」や「I Agree」を押していけば結構です。

　ただしオプションの選択画面（図 A.1）ではチェックボックスをオフにして構

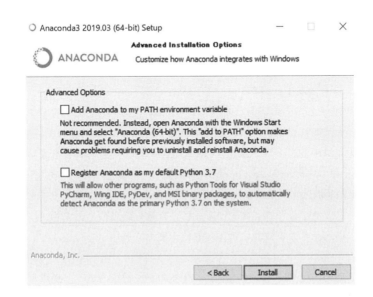

図 A.1　オプションの選択画面

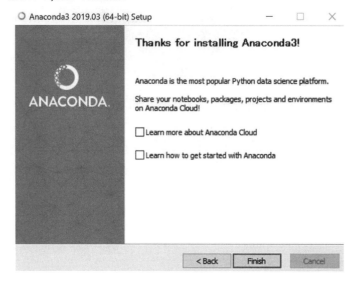

図 A.2　インストール完了

いません。

　図 A.2 がインストールを終えた画面です。ここでもチェックを外して [Finish]をクリックして構いません。

　次に，Windows のスタートメニューから Anaconda グループを開き，Spyder（スパイダー）を選んでクリックすると図 A.3 の初期画面が開き，Python を使う準備が整います。

　Spyder の画面は図 A.3 のように領域が 3 分割されています。プログラムの作成作業には図 A.3 左半分のエディタ領域を使います。Python の実行ファイル○○.py を外部から読み込む時もこのエディタ領域に読み込むことになります。またテキストファイルに書かれたコードをエディタ領域にコピー&ペーストすることもできます。コードを上下にスクロールしながら修正できることも大事な機能です。Spyder はユーザーのコード・ミスを指摘して開発をサポートしてくれます。

　次に右上の領域はエクスプローラーと似た役割をします。プログラムの実行ファイルやデータファイルを探して Python に読み込む際に使えますし，自分が作成中の変数の型とサイズを確認するのにも使えます。

　右下の IPython コンソールは計算結果とグラフを出力する領域です。IPython自体も対話型のユーザーインターフェースなので，電卓のように利用することが

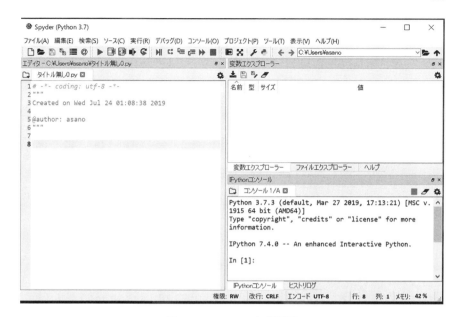

図 A.3 Spyder の初期画面

できます。Python では変数，定数，配列などを一括してオブジェクトと呼びます。コンソールでオブジェクト名を入力してエンターを押せば，その時点でのオブジェクトの値を出力してくれます。ですからディープラーニングのコードを実行しながらオブジェクトの値の変化を追跡したければ，いつでもコンソールで確認することができます。

■ 電卓的な使い方

Spyder を電卓的に使ってみましょう。まずエディタ領域に

```
x=3
y=2
```

と入力し，この 2 行をマウスで範囲選択してからツールバーの■▶をクリックします。するとこの 2 つのオブジェクトが Python 内で定義されます。次にコンソール領域に移動して x+y と入力してエンターを押すと x と y の和が 5 であることを教えてくれます。x-y と入力すれば差が 1 だと分かります。このように関数電卓のようにコンソールが利用できます。ただべき乗には ^ が使えないので二乗を求

める場合は x**2 と入力します。すると 3 の二乗は 9 だという出力が得られます。

　このように，エディタで Python を実行⇒コンソールで確認⇒エディタで修正，という作業を対話的に繰り返すやり方がプログラミングの初心者には向いていると思います。

■　Anaconda　ナビゲーター

　スタートメニューから Anaconda Navigator　をクリックすると図 A.4 の画面が出てきます。Anaconda が様々なツールのプラットフォームになっていることが分かります。Spyder 以外では Jupyter Notebook（ジュピター・ノートブック）という Web ブラウザーを利用する開発環境が有名です。Pycharm（略称 PC）という開発環境も有名です。PC は多機能なので専門家がよく利用しているようです。

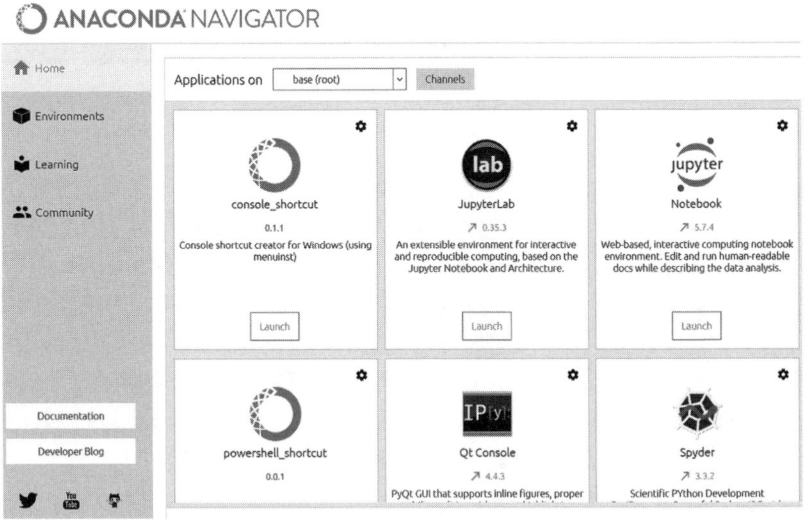

図 **A.4**　Anaconda ナビゲーターの画面（一部）

お勧め図書

　本書でディープラーニングに気持ちよく入門され，ディープラーニングを今後さらに深く学びたくなった読者のために次の3冊の本をお勧めします。いずれも本書よりも高度な内容ですが，読めば楽しいだけでなく嬉しくなるような名著です。

(1) 手塚太郎 (2018)『しくみがわかる深層学習』朝倉書店
(2) 須山敦志 (2019)『ベイズ深層学習』講談社
(3) 豊田秀樹 (1996)『非線形多変量解析—ニューラルネットによるアプローチ』
　　朝倉書店

　画像識別に力を発揮する畳み込みニューラルネットワークと再帰型ニューラルネットワーク，深層生成モデルはディープラーニングの新しい方法です。これらの新しい方法を詳しく解説しているのが (1) のテキストです。しくみがわかる，という同書のコンセプトは大事だと思います。私も見習って本書を執筆しました。

　(2) のテキストはベイズ統計と深層学習を融合させた本です。ディープラーニングの結果は解釈性に欠ける，という批判を聞くことがあります。ベイズ統計のモデリングと融合することでディープラーニングの解釈性を高めることができるでしょう。コンピュータサイエンスのこれからの方向を示してくれる本です。

　(1) も (2) も行列の知識は当たり前という数学のレベルですので，初心者にはハードルが高いかもしれません。けれども本書を読んだ後ならかなり読解しやすくなっているはずです。本書が (1) と (2) を読むための準備として役立つことを期待しています。

　(3) には私もお世話になりました。この本の発行当時，私はこの本を教科書に選んで大学のゼミ生諸君と一緒にニューラルネットワークを勉強したものです。理論的な解説だけでなく，ニューラルネットワークと既存の多変量解析を使い比べています。データを実際に分析しながら解説しているテキストは貴重です。このテキストはこの分野の草創期の名著ですが，今読み直しても価値は変わりません。

引用文献

Aytar, Y., Vondrick, C. and Torralba, A. (2016) Soundnet: Learning sound representations from unlabeled video, *Advances in Neural Information Processing Systems*, **29**, 892–900.

Breiman, L., Friedman, J.H., Olshen, R.A. and Stone, C.J. (1984) *"Classification and Regression Tree."* Wadsworth.

Burke, R.R., Rangaswamy, A., Wind, J. and Eliashberg, J. (1990) A knowledge-based system for advertising design, *Marketing Science*, **9**, No.3, 212–229.

Colley, R. H (1961) *"Defining Advertising Goals for Measured Advertising Results."* Association of National.

Copeland, J. (2012) *"Turing: Pioneer of the Information Age"*, Oxford University Press. (服部桂訳 (2013)『チューリング―情報時代のパイオニア』, NTT 出版)

ファイゲンバウム, E.A. クランシー, W.J. (1981) 知識工学―その方向と目標, 数理科学, No.217, 11–20.

福島邦彦 (1979)『神経回路と自己組織化』, 共立出版.

Fukushima, K. (1980) Neocognitron: A self-organizing neural network model for a mechanism of pattern recognition unaffected by shift in position. *Biological Cybernetics*, **36**, 193–202.

御領謙 (1993) 神経回路網モデルと認知心理学―新しい展開, 御領・菊地・江草『心の働きとしくみを探る』, サイエンス社, 201-227.

後藤秀夫 (1996) ニューラルネットワーク入門, T.C. レポート 040 号, No9640.

He, K., Zhang, X., Ren, S., and Sun, J. (2016) Deep residual learning for image recognition, In: *Proceedings of the IEEE Conference on Computer Vision and Pattern Recognition*, 770–778.

Hinton, G.E. and Salakhutdinov, R.R. (2006) Reducing the dimensionality of data with neural networks. *Science*, 313 (5786). 504–507.

McCulloch, W.S. and Pitts, W. (1943) A logical calculus of the ideas immanent in nervous activity. *Bullet. Math. Biophysics*, **5**, 115–133.

McFadden, D. (1974) Conditional logit analysis of qualitative choice behavior, In: Zarembka, P.(ed.) *"Frontiers in Econometrics."* New York:Academic Press, 105-142.

Minsky, M. (1961) Steps toward artificial intelligence, *Proc. IRE*, 9, 8–30.

Nelder, J.A. and Wedderburn, R.W.M., (1972) Generalized linear models, *Journal of the Royal Statistical Society*, Series A, Vol.**135**, Part 3, 370–384.

Rao, C.R. (1965) *"Linear Statistical Inference"*, Jphn Wiley & Sons. (ラオ (1977)『統計的推測とその応用』, 東京図書)

Rosenblatt, F. (1958) The perceptron: A probabilistic model for information storage and organization in the brain. *Psychol. Rev.* **65** (6), 386–408.

Rumelhart, D.E., Hinton, G.E. and Williams, R.J. (1986) Learning representations by back–propagating errors, *Nature*, 323(9), 533–536.

Turing, A.M. (1936) On computable numbers, with an application to the entscheidungsproblem, In: Proceedings of the London Mathematical Society, Vol.**42**, pp.230–265.

Zeiler, M.D. and Fergus, R. (2014) Visualizing and understanding convolutional networks, In: Fleet, D., Pajdla, T., Schiele, B., Tuytelaars, T. (eds.) *"Computer Vision — ECCV 2014."* Lecture Notes in Computer Science, 8689. Springer International Publishing, 818–833.

あ と が き

　私が本書で読者にお伝えしたかったことと論じきれなかったことを，反省をこめて整理したいと思います。

　1章ではチューリングの話をしました。では，「脳をつくる」というチューリングの夢は結局どうなったのでしょうか。将棋や囲碁の AI プログラムは，人間が考えた手筋や戦法とはまったく別のアルゴリズムで人間に勝っています。4章で述べた誤差逆伝播法も，人間の脳が逆伝播に相当する活動をしているという証拠はありません。もちろん脳を研究してビジネスに応用するという方向での研究も Journal of Marketing Research 誌で Neuroscience and Marketing という特集が 2015 年に組まれたくらいですから，それはそれで進んでいます。ただし今日では脳科学の研究とディープラーニングはそれぞれの道を歩んでいるように見えます。1章は AI 研究の断片を紹介したにすぎず，歴史展望としては不十分だというのが反省点です。

　2章は数学の復習なので新しい内容は含まれていません。現在の社会人は高校時代に行列を習うことができました。その点で行列を習う機会もない現役の高校生よりも恵まれていた，と言えると思います。

　3章では統計学の話をしました。線形予測子に非線形変換を加えたモデルを統計学では以前から一般化線形モデルと呼んでいました。ディープラーニングでシグモイド関数と呼んでいるロジスティック回帰分析も一般化線形モデルに含まれます。また，4章のディープラーニングで述べた損失関数は統計学でいう最小二乗基準と同じでした。つまり統計学からみればニューラルネットワークの何もかもが新しい発明だとはいえません。このことを知って驚いた読者もおられるでしょうし，だから何なのだという読者もおられるでしょう。私としては，一見華やかに見える新技術も，先人たちの苦労を土台にして花を咲かせたのだ，ということを言いたかったのです。

　4章では単純パーセプトロンの入力層と出力層の間に隠れ層を加え，そこに非線形変換を加えた現代パーセプトロンを解説しました。それこそが今日ディープラーニングと呼ばれているモデルです。誤差逆伝播法がディープラーニングのミ

ソですが，偏微分の連鎖を説明する部分が解説の悩みどころでした。計算グラフ
という図解法で誤差逆伝播を解説する流儀もありますが，何をしているのかが分
かりづらいと思います。その点で行列とベクトルを使えば何をしているかが簡明
ですし，そのままストレートに Python や R のコードに落とせます。そういうわ
けで，本書では一貫して行列とベクトルを使って解説することにしました。行列
とベクトルのおかげで誤差逆伝播法が分かりやすくなったかどうかは，著者が決
めつけることではなく読者が評価することです。

　5 章から 7 章までは質的な分類のためのディープラーニングの解説にあてまし
た。ランチに何円使ってくれるかを予測するのが量的な予測で，どの店に入って
くれるかを予測するのが質的な分類です。自動車でいえば，トヨタのディーラー
に行くのか，ホンダや日産，三菱，その他，どのディーラーに行くのかという問
題を扱います。産業界では質的な分類へのニーズは高いのだろうと思います。

　5 章のコラム 2 では隠れ層を増やしたディープラーニングの計算法を示しまし
た。隠れ層が何層になっても計算のロジックは変わらないことに気づいてもらえ
たと思います。

　本書では十分に解説できなかった論点が，ディープラーニングの結果の「解釈
性」の問題です。8 章で紹介したシミュレーションは，説明変数の重要度を知る
ための試みでした。回帰分析では $Y = b_1 X_1 + b_2 X_2 + \cdots$ という回帰式で偏回帰
係数 b が得られますが，それに相当する指標はディープラーニングでは導けませ
ん。多変量解析では主成分への回帰をはじめとして直交化された説明変数空間へ
回帰する方法が研究されてきました。推定結果の解釈性の問題はディープラーニ
ングの今日的な課題です。アドバンストな内容なので，本書では解説できません
でした。

　本書はディープラーニングの全くの初心者向けにディープラーニングの基礎を
解説した入門書です。そのため，畳み込みニューラルネットワークや再帰型ニュー
ラルネットワークのような新しい発展については解説していません。付録 B でお
勧め図書をあげましたが他にもおそらく素晴らしい成書が多数あるだろうと思い
ます。

　本書では教師信号が存在する場合のディープラーニングを解説しましたが，教
師信号が存在しないディープラーニングも重要です。教師なし学習を進める技法
も発展しています。今日のディープラーニングは，基礎となるアイデアはシンプ

ルながらも，幅広くかつ奥深く研究が発展しています。

　本書を読了された読者は，今後さらに広く深くディープラーニングを学んでいただくと同時に，企業での実務や大学での課題研究や卒論などにディープラーニングを適用して，応用の経験を深めていただきたいと念願します。

編　著　者

索 引

■編著者紹介

朝野熙彦（あさの・ひろひこ）

千葉大学文理学部卒業，埼玉大学大学院修了．専修大学・東京都立大学・首都大学東京教授，多摩大学および中央大学客員教授を経て（株）コレクシア アカデミックアドバイザー，日本マーケティング学会監事，日本行動計量学会名誉会員．

〔主な著書〕

『入門多変量解析の実際』ちくま学芸文庫
『最新マーケティング・サイエンスの基礎』講談社
『マーケティング・リサーチ』講談社
『入門共分散構造分析の実際』（共著）講談社
『マーケティング・リサーチ入門』（編著）東京図書
『マーケティング・サイエンスのトップランナーたち』（編著）東京図書
『ビッグデータの使い方・活かし方』（編著）東京図書
『アンケート調査入門』（編著）東京図書
『Rによるマーケティング・シミュレーション』（編著）同友館
『新製品開発』（共著）朝倉書店
『マーケティング・リサーチ工学』朝倉書店
『ビジネスマンがはじめて学ぶベイズ統計学—Excel から R へステップアップ—』（編著）朝倉書店
『ビジネスマンが一歩先をめざすベイズ統計学—Excel から RStan へステップアップ—』（編著）朝倉書店

ビジネスマンがきちんと学ぶ
ディープラーニング with Python　　定価はカバーに表示

2021 年 3 月 1 日　初版第 1 刷

編著者	朝 野 熙 彦	
発行者	朝 倉 誠 造	
発行所	株式会社 朝 倉 書 店	

東京都新宿区新小川町 6-29
郵 便 番 号　162-8707
電　話　03（3260）0141
ＦＡＸ　03（3260）0180
http://www.asakura.co.jp

〈検印省略〉

© 2021 〈無断複写・転載を禁ず〉　　　　シナノ印刷・渡辺製本

ISBN 978-4-254-12260-2　C 3041　　　　Printed in Japan

Yuxi（Hayden）Liu著　黒川利明訳

事例とベスト プラクティス Python 機 械 学 習
基本実装とscikit-learn/TensorFlow/PySpark活用
12244-2 C3041　　　　　A 5 判 304頁 本体3900円

人工知能のための機械学習の基本，重要なアルゴリズムと技法，実用的なベストプラクティス．【例】テキストマイニング，教師あり学習によるオンライン広告クリックスルー予測，学習のスケールアップ（Spark），回帰による株価予測

慶大 中妻照雄著
実践Pythonライブラリー
Pythonによる計量経済学入門
12899-7 C3341　　　　A 5 判 220頁〔近　刊〕

確率論の基礎からはじめ，回帰分析，因果推論まで解説．理解してPythonで実践〔内容〕エビデンスに基づく政策決定に向けて／不確実性の表現としての確率／データ生成過程としての確率変数／回帰分析入門／回帰モデルの拡張と一般化

慶大 中妻照雄著
実践Pythonライブラリー
Pythonによる ベイズ統計学入門
12898-7 C3341　　　　A 5 判 224頁 本体3400円

ベイズ統計学を基礎から解説，Pythonで実装．マルコフ連鎖モンテカルロ法にはPyMC3を活用．〔内容〕「データの時代」におけるベイズ統計学／ベイズ統計学の基本原理／様々な確率分布／PyMC／時系列データ／マルコフ連鎖モンテカルロ法

愛媛大 十河宏行著
実践Pythonライブラリー
はじめてのPython & seaborn
―グラフ作成プログラミング―
12897-0 C3341　　　　A 5 判 192頁 本体3000円

作図しながらPythonを学ぶ〔内容〕準備／いきなり棒グラフを描く／データの表現／ファイルの読み込み／ヘルプ／いろいろなグラフ／日本語表示と制御文／ファイルの実行／体裁の調整／複合的なグラフ／ファイルへの保存／データ抽出と関数

海洋大 久保幹雄監修　小樽商大 原口和也著
実践Pythonライブラリー
Kivy プ ロ グ ラ ミ ン グ
―Pythonでつくるマルチタッチアプリ―
12896-3 C3341　　　　A 5 判 200頁 本体3200円

スマートフォンで使えるマルチタッチアプリをPython Kivyで開発．［内容］ウィジェット／イベントとプロパティ／KV言語／キャンバス／サンプルアプリの開発／次のステップに向けて／ウィジェット・リファレンス／他

海洋大 久保幹雄監修　東邦大 並木 誠著
実践Pythonライブラリー
Pythonによる 数理最適化入門
12895-6 C3341　　　　A 5 判 208頁 本体3200円

数理最適化の基本的な手法をPythonで実践しながら身に着ける．初学者にも試せるようにプログラミングの基礎から解説．〔内容〕Python概要／線形最適化／整数線形最適化問題／グラフ最適化／非線形最適化／付録:問題の難しさと計算量

慶大 中妻照雄著
実践Pythonライブラリー
Pythonによる ファイナンス入門
12894-9 C3341　　　　A 5 判 176頁 本体2800円

初学者向けにファイナンスの基本事項を確実に押さえた上で，Pythonによる実装をプログラミングの基礎から丁寧に解説．〔内容〕金利・現在価値・内部収益率・債権分析／ポートフォリオ選択／資産運用における最適化問題／オプション価格

前東大 小柳義夫訳
実践Pythonライブラリー
計 算 物 理 学 Ⅰ
―数値計算の基礎/HPC/フーリエ・ウェーブレット解析―
12892-5 C3341　　　　A 5 判 376頁 本体5400円

Landau et al., Computational Physics: Problem Solving with Python, 3rd ed.を2分冊で．理論からPythonによる実装まで解説．〔内容〕誤差／モンテカルロ法／微積分／行列／データのあてはめ／微分方程式／HPC／フーリエ解析／他

前東大 小柳義夫監訳
実践Pythonライブラリー
計 算 物 理 学 Ⅱ
―物理現象の解析・シミュレーション―
12893-2 C3341　　　　A 5 判 304頁 本体4600円

計算科学の基礎を解説したI巻につづき，II巻ではさまざまな物理現象を解析・シミュレーションする．〔内容〕非線形系のダイナミクス／フラクタル／熱力学／分子動力学／静電場解析／熱伝導／波動方程式／衝撃波／流体力学／量子力学／他

愛媛大 十河宏行著
実践Pythonライブラリー
心理学実験プログラミング
―Python/PsychoPyによる実験作成・データ処理―
12891-8 C3341　　　　A 5 判 192頁 本体3000円

Python（PsychoPy）で心理学実験の作成やデータ処理を実践．コツやノウハウも紹介．〔内容〕準備（プログラミングの基礎など）／実験の作成（刺激の作成，計測）／データ処理（整理，音声，画像）／付録（セットアップ，機器制御）

@driller・小川英幸・古木友子著 **Python インタラクティブ・データビジュアライゼーション入門** —Plotly/DashによるデータViz化とWebアプリ構築— 12258-9 C3004　　　　B 5 判 288頁 本体4000円	Webサイトで公開できる対話的・探索的(読み手が自由に動かせる)可視化をPythonで実践．データ解析に便利なPlotly，アプリ化のためのユーザインタフェースを作成できるDash，ネットワーク図に強いDash Cytoscapeを具体的に解説
阪大 橋本幸士編 **物理学者，機械学習を使う** —機械学習・深層学習の物理学への応用— 13129-1 C3042　　　　A 5 判 212頁 本体3500円	機械学習を使って物理学で何ができるのか。物性，統計物理，量子情報，素粒子・宇宙の4部構成。〔内容〕機械学習，深層学習が物理に何を起こそうとしているか／波動関数の解析／量子アニーリング／中性子星と核物質／超弦理論／他
USCマーシャル校 落海　浩・近大 首藤信通訳 **Rによる 統計的学習入門** 12224-4 C3041　　　　A 5 判 424頁 本体6800円	ビッグデータに活用できる統計的学習を，専門外にもわかりやすくRで実践。〔内容〕導入／統計的学習／線形回帰／分類／リサンプリング法／線形モデル選択と正則化／線形を超えて／木に基づく方法／サポートベクターマシン／教師なし学習
J. Pearl他著　USCマーシャル校 落海　浩訳 **入門 統 計 的 因 果 推 論** 12241-1 C3041　　　　A 5 判 200頁 本体3300円	大家Pearlによる入門書。図と言葉で丁寧に解説。相関関係は必ずしも因果関係を意味しないことを前提に，統計的に原因を推定する。〔内容〕統計モデルと因果モデル／グラフィカルモデルとその応用／介入効果／反事実とその応用
統計科学研 牛澤賢二著 **やってみよう テキストマイニング** —自由回答アンケートの分析に挑戦！— 12235-0 C3041　　　　A 5 判 180頁 本体2700円	アンケート調査の自由回答文を題材に，フリーソフトとExcelを使ってテキストデータの定量分析に挑戦。テキストマイニングの勘所や流れがわかる入門書。〔内容〕分析の手順／データの事前編集／形態素解析／抽出語の分析／文書の分析／他
滋賀大 竹村彰通監訳 **機　　械　　学　　習** —データを読み解くアルゴリズムの技法— 12218-3 C3034　　　　A 5 判 392頁 本体6200円	機械学習の主要なアルゴリズムを取り上げ，特徴量・タスク・モデルに着目して論理的基礎から実装までを平易に紹介。〔内容〕二値分類／教師なし学習／木モデル／ルールモデル／線形モデル／距離ベースモデル／確率モデル／特徴量／他
同志社大 津田博史監修　新生銀行 嶋田康史編著 FinTechライブラリー **ディープラーニング入門** —Pythonではじめる金融データ解析— 27583-4 C3334　　　　A 5 判 216頁 本体3600円	金融データを例にディープラーニングの実装をていねいに紹介。〔内容〕定番非線形モデル／ディープニューラルネットワーク／金融データ解析への応用／畳み込みニューラルネットワーク／ディープラーニング開発環境セットアップ／ほか
前早大 森平爽一郎著 統計ライブラリー **経済・ファイナンスのためのカルマンフィルター入門** 12841-3 C3341　　　　A 5 判 232頁 本体4000円	社会科学分野への応用を目指す入門書。基本的な考え方や導出など数理を平易に解説する理論編，実証分析事例に基づくモデリング手法を解説する応用編の二部構成。経済・金融系の事例を中心にExcelを利用した実践的学習。社会人にも最適。
東大 平川晃弘・筑波大 五所正彦監訳 統計ライブラリー **臨床試験のための アダプティブデザイン** 12840-6 C3341　　　　A 5 判 296頁 本体5400円	臨床試験の途中で試験の妥当性を損なうことなく試験デザインを変更する手法の理論と適用。〔内容〕計画の改訂／ランダム化／仮説／用量漸増試験／群逐次デザイン／統計的検定／サンプルサイズ調整／治療切替／Bayes流アプローチ／他
東工大 宮川雅巳・神戸大 青木　敏著 統計ライブラリー **分 割 表 の 統 計 解 析** —二元表から多元表まで— 12839-0 C3341　　　　A 5 判 160頁 本体2900円	広く応用される二元分割表の基礎から三元表，多元表へ事例を示しつつ展開。〔内容〕二元分割表の解析／コレスポンデンス分析／三元分割表の解析／グラフィカルモデルによる多元分割表解析／モンテカルロ法の適用／オッズ比性の検定／他

前首都大 朝野熙彦編著 ビジネスマンがはじめて学ぶ **ベ イ ズ 統 計 学** —ExcelからRへステップアップ— 12221-3 C3041　　A 5 判 228頁 本体3200円	ビジネス的な題材，初学者視点の解説，ExcelからR(Rstan)への自然な展開を特長とする待望の実践的入門書。〔内容〕確率分布早わかり／ベイズの定理／ナイーブベイズ／事前分布／ノームの更新／MCMC／階層ベイズ／空間統計モデル／他	
前首都大 朝野熙彦編著 ビジネスマンが一歩先をめざす **ベ イ ズ 統 計 学** —ExcelからRStanへステップアップ— 12232-9 C3041　　A 5 判 176頁 本体2800円	文系出身ビジネスマンに贈る好評書第二弾。丁寧な解説とビジネス素材の分析例で着実にステップアップ。〔内容〕基礎／MCMCをExcelで／階層ベイズ／ベイズ流仮説検証／予測分布と不確実性の計算／状態空間モデル／Rによる行列計算／他	
Theodore Petrou著　黒川利明訳 **pandas ク ッ ク ブ ッ ク** —Pythonによるデータ処理のレシピ— 12242-8 C3004　　A 5 判 384頁 本体4200円	データサイエンスや科学計算に必須のツールを詳説。〔内容〕基礎／必須演算／データ分析開始／部分抽出／booleanインデックス法／インデックスアライメント／集約，フィルタ，変換／整然形式／オブジェクトの結合／時系列分析／可視化	
筑波大 手塚太郎著 **し く み が わ か る 深 層 学 習** 12238-1 C3004　　A 5 判 184頁 本体2700円	深層学習(ディープラーニング)の仕組みを，ベクトル，微分などの基礎数学から丁寧に解説。〔内容〕深層学習とは／深層学習のための数学入門／ニューラルネットワークの構造を知る／ニューラルネットワークをどう学習させるか／他	
筑波大 手塚太郎著 **しくみがわかるベイズ統計と機械学習** 12239-8 C3004　　A 5 判 220頁 本体3200円	ベイズ統計と機械学習の基礎理論を丁寧に解説。〔内容〕統計学と機械学習／確率入門／ベイズ推定入門／二項分布とその仲間たち／共役事前分布／EMアルゴリズム／変分ベイズ／マルコフ連鎖モンテカルロ法／変分オートエンコーダ	
東北大 浜田　宏・関学大 石田　淳・関学大 清水裕士著 統計ライブラリー 社会科学のための **ベイズ統計モデリング** 12842-0 C3341　　A 5 判 240頁 本体3500円	統計モデリングの考え方と使い方を初学者に向けて解説した入門書。〔内容〕確率分布／最尤法／ベイズ推測／MCMC 推定／エントロピーとKL情報量／遅延価値割引モデル／所得分布の生成モデル／単純比較モデル／教育達成の不平等／他	
早大 豊田秀樹編著 **基礎からのベイズ統計学** ハミルトニアンモンテカルロ法による実践的入門 12212-1 C3041　　A 5 判 248頁 本体3200円	高次積分にハミルトニアンモンテカルロ法(HMC)を利用した画期的初級向けテキスト。ギブズサンプリング等を用いる従来の方法より非専門家に扱いやすく，かつ従来は求められなかった確率計算も可能とする方法論による実践的入門。	
早大 豊田秀樹著 **はじめての 統 計 デ ー タ 分 析** —ベイズ的〈ポストp値時代〉の統計学— 12214-5 C3041　　A 5 判 212頁 本体2600円	統計学への入門の最初からベイズ流で講義する画期的な初級テキスト。有意性検定によらない統計的推測法を高校文系程度の数学で理解。〔内容〕データの記述／MCMCと正規分布／2群の差(独立・対応あり)／実験計画／比率とクロス表／他	
早大 豊田秀樹編著 **実 践 ベ イ ズ モ デ リ ン グ** —解析技法と認知モデル— 12220-6 C3014　　A 5 判 224頁 本体3200円	姉妹書『基礎からのベイズ統計学』からの展開。正規分布以外の確率分布やリンク関数等の解析手法を紹介，モデルを簡明に視覚化するプレート表現を導入し，より実践的なベイズモデリングへ。分析例多数。特に心理統計への応用が充実。	
早大 豊田秀樹著 **瀕 死 の 統 計 学 を 救 え！** —有意性検定から「仮説が正しい確率」へ— 12255-8 C3041　　A 5 判 160頁 本体1800円	米国統計学会をはじめ科学界で有意性検定の放棄が謳われるいま，統計的結論はいかに語られるべきか？初学者歓迎の軽妙な議論を通じて有意性検定の考え方とp値の問題点を解説，「仮説が正しい確率」に基づく明快な結論の示し方を提示。	

上記価格（税別）は 2021 年 1 月現在